生物信息学导论

SHENGWU XINXIXUE DAOLUN

主　编　杜开峰

副主编　刘文彬

中国水利水电出版社
www.waterpub.com.cn

内 容 提 要

　　本书内容主要包括绪论、生物信息数据库、数据库查询和检索、序列分析、分子系统发生分析、生物信息学与生物芯片、生物信息学与药物研究等，力求使学生能够全面了解和掌握生物信息学领域的重要基本知识与基本操作技术。本书可作为非生物信息学专业本科生的生物信息学课程教材，也可以作为生物学、药物设计等领域工作者的参考用书。

图书在版编目（CIP）数据

　　生物信息学导论 / 杜开峰主编. -- 北京 ： 中国水
利水电出版社，2015.1（2022.10重印）
　　ISBN 978-7-5170-2869-7

　　Ⅰ．①生… Ⅱ．①杜… Ⅲ．①生物信息论－高等学校
－教材 Ⅳ．①Q811.4

　　中国版本图书馆CIP数据核字(2015)第013015号

策划编辑：杨庆川　责任编辑：陈　洁　封面设计：崔　蕾

书　　名	生物信息学导论
作　　者	主　编　杜开峰
	副主编　刘文彬
出版发行	中国水利水电出版社
	（北京市海淀区玉渊潭南路 1 号 D 座 100038）
	网址：www. waterpub. com. cn
	E-mail:mchannel@263. net（万水）
	sales@ mwr.gov.cn
	电话：(010)68545888（营销中心）、82562819（万水）
经　　售	北京科水图书销售有限公司
	电话：(010)63202643、68545874
	全国各地新华书店和相关出版物销售网点
排　　版	北京鑫海胜蓝数码科技有限公司
印　　刷	三河市人民印务有限公司
规　　格	184mm×260mm　16 开本　14.75 印张　265 千字
版　　次	2015年6月第1版　2022年10月第2次印刷
印　　数	3001—4001册
定　　价	49.00 元

前　言

　　生物信息学是一门新兴的交叉学科。它融合了生物学、计算机科学与数学等知识,被誉为21世纪生物科学发展的主导学科。生物信息学的兴起得益于人类基因组计划及其他基因组计划的实施和开展,生物信息学在新药开发和设计方面的广泛应用更显示出其生机与活力。随着测序技术的不断发展,时至今日,生物信息学已经广泛应用于生物学、医学、农学、军事及仿生学等领域。目前已经测序的生物基因组数量超过1000个,生物学数据正在急速和海量地积累。这些海量的生物学数据中隐藏着大量人类尚未知的生物学信息和知识。如何充分挖掘这些海量数据的内涵,获取有用信息,揭示生命的奥秘,是生物信息学的重要使命和亟待解决的问题。

　　生物信息学越来越深入影响科学研究与社会生活的多个方面,开设生物信息学课程有利于提高学生科研理念及科技产业化意识。许多学者已撰写了不少优秀的生物信息学教材与专著,涵盖教学与科研的多个方面,但这些教材与专著往往多侧重于生物信息领域的新理论、新信息和新发现。要读懂书中内容需要有较强的数学或计算机基础,而对多数非生物信息专业的本科生而言,他们的数学和计算机专业基础相对薄弱。鉴于以上原因,作者在撰写教材时吸收国内外现有同类教材的优点,着重介绍生物信息学基本知识,同时又能够让学生掌握一些常用的生物信息学资源、软件及工具的使用方法,能够解决学生实验过程中遇到的实际问题。同时,列举的例子多是生物化学、分子生物学或基因工程课程中较常涉及的内容,使学生们切身体会到生物信息学可以解决学习和实验的实际问题,同时学到的相关生物学知识在生物信息学的学习中也能够达到融会贯通。

　　本书共7章:第1章绪论,介绍生物信息学的发展、研究内容及应用领域;第2章系统地介绍了生物信息数据库,并列举了相关实例;第3章为数据库的查询与检索系统以及查询检索的具体方法;第4章为序列分析,介绍了核酸与蛋白质的序列分析类型、方法以及蛋白质的结构预测;第5章全面地介绍了分析系统发生分析;第6、7章介绍了部分生物信息学的前沿知识和最新技术,如生物芯片和药物研究。

　　生物信息学涉及的领域众多,学科发展迅速,相关新技术和新进展不断涌现,资料浩瀚。鉴于作者水平有限,书中难免出现疏漏与错误,恳请同行、专家和读者批评指正。

作者

2014 年 10 月

目　录

第1章　绪论

20世纪,生命科学得到了飞速发展,生理学、细胞生物学、分子生物学等学科的发展使人们从器官、组织、细胞、生物大分子等各个层次认识了生命的物质基础。由于分子生物学研究的不断深入和实验技术的快速发展,使得人们可以从分子层面鉴定和测量生物系统中所有的生物大分子。而转录组学和蛋白质组学研究产出的数据比基因组序列更加复杂,因为这些数据不像基因组序列是静态的,而是随着时间、条件、样本等一直在发生改变,对任意时刻和条件下的测量都会产生海量的转录表达和蛋白质表达数据。这些生物分子数据从基因、转录物、蛋白质和代谢物等各个层面揭示了生命的特征,隐藏着人类目前尚不知道的生物学知识。而且生物系统并非生物大分子的简单堆积,生物体的生长发育是生命信息控制之下的复杂而有序的过程,牵涉生物信息的组织、传递和表达。因此,为了充分利用各种生物学数据,通过数据分析、处理,揭示这些数据的内涵,人们开始尝试用信息科学的方法和技术来认识和分析生命信息。生物信息学(bioinformatics)就是在这种数据大爆炸背景下出现的一门新兴学科,它综合应用数学、计算机和生物学的相关知识处理海量的生物信息,改变了生物学以实验或观察为基础的研究方式,将生物学的研究推动到推理验算阶段。但生物信息学不可能代替生物实验,其结果可以作为生物学研究的辅助手段。

生物信息学的出现极大地推动了分子生物学、蛋白质组学、基因组学和代谢组学等的发展,已经成为农学、生物学、医学等学科发展的强大推动力,也是环境监测、药物设计等的重要技术支撑。生物信息学在基因的功能发现、疾病基因诊断、蛋白质结构预测、基于结构的药物设计、药物合成和制药工业中起着极其重要的作用,生物信息学的应用大大加快了药物的研究开发进程。

本章介绍了生物信息学的发展史、主要研究内容及其应用,以期让学生对生物信息有个总体的了解和认识。

1.1　生物信息学的发展史

1.1.1　生物信息学产生的背景

1. 生命科学发展的需要

生物并非只是物质的简单堆积,生物体的生长发育是生命信息控制之下的复杂而有序的过程。我们对生命的奥秘还不甚了解,对生命信息的组织、传递和表达还知之甚少。既然这牵涉信息的组织、传递和表达,我们就可以用信息科学的方法和技术来尝试认识和分析生命信息。

2. 生物数据的指数增长

生物信息学就是为迎接这种挑战而发展起来的一门新型学科,它是由生物学、应用数学、计算机科学相互交叉所形成的学科,是当今生命科学和自然科学的重大前沿领域之一,也是 21 世纪自然科学的核心领域之一。由于多学科的交叉导致了生物数据的迅速增长。

生物信息学的产生一方面是由于生物科学和技术的发展,另一方面是由于人类基因组计划的实施。其实,早在 20 世纪 50 年代生物信息学就已经形成萌芽,20 世纪 70 年代就已经产生生物信息学的基本思想,但是生物信息学的真正发展则是在 20 世纪的 90 年代,在人类基因组计划的推动下,生物信息学才得以迅猛发展。人类基因组计划产生的生物分子数据是生物信息学的源泉,而人类基因组计划所需要解决的问题则是生物信息学发展的动力。

3. 发展阶段

生物信息学的发展大致经历了三个阶段。

第一个阶段:前基因组时代。这一阶段以各种算法法则的建立、生物数据库的建立及 DNA 和蛋白质序列分析为主要工作。该阶段显著的成就有:① Needleman-Wunsch 和 Smith-Waterman 序列比对算法先后发表;②国际上的三个核酸序列数据库(EMBL、GenBank 和 DDBJ)相继建立并提供序列服务。

第二个阶段:基因组时代。这一阶段科学家们开始大规模的基因组研究,以各种基因组测序计划、网络数据库系统的建立和基因识别为主要工作,以人类基因组计划和各种模式生物基因组测序为代表,大规模测序全面铺开。

第三个阶段:后基因组时代。这一阶段的主要工作是进行大规模组学研究,如基因组分析、蛋白质组分析等。随着人类基因组计划和各种基因组计划测序的完成，以及新基因的发现，系统了解基因组内所有基因的生物功能成为后基因组时代的研究重点。生物信息学进入了功能基因组时代。

1.1.2　生物信息学的诞生

生物信息学是建立在分子生物学基础上的。因此，要了解生物信息学，就必须先对分子生物学的发展有一个简单的了解。早在 19 世纪，人们已经知道了蛋白质在生命活动中的作用。1883 年，Curtius 首先提出蛋白质线性一级结构的假设。1933 年，Tiselius 首次通过电泳将溶液中的蛋白质分离出来。早在 20 世纪 50 年代前后，科学家已经通过实验测定一些蛋白质的序列。例如，1949 年，发现了 DNA 链中 A-T、G-C 的规律；1951 年重构胰岛素的 30 个氨基酸。几乎在同一时期，科学家认识到 DNA 是遗传物质。1951 年，Pauling 和 Corey 提出蛋白质的 α-螺旋和 β-折叠结构；1953 年，Watson 和 Crick 根据 Franklin 和 Wilkins 得到的 X 射线衍射数据提出 DNA 的双螺旋结构模型，揭开了分子生物学研究的序幕。在其后的 20 年中，科学家们逐步认识了从 DNA 到蛋白质的编码过程，掌握了三联密码子的本质。1961 年，Jacob 和 Monod 发现大肠杆菌的 lac 操纵子中存在调控元件，证实非编码序列并不是垃圾序列。1962 年，Khesin 等发现噬菌体中的基因转录表达具有定时调节机制。20 世纪 60 年代出现了通用的核酸测序技术，70 年代中期开始进行基因组规模的测序工作。正是由于分子生物学研究对于生命科学发展的巨大推动作用，生物信息学的出现也成为了一种必然。

1956 年在美国田纳西州的 Gatlinb urg 召开了首次"生物学中的信息理论研讨会"。在 20 世纪 60 年代，生物信息学的具体概念还未提出，但一些计算生物学家已经开始进行相关研究，做了许多生物信息搜集和分析方面的工作。在这个时期，生物大分子携带信息成为分子生物学的重要理论，生物分子信息在概念上将计算生物学和计算机科学联系起来。相关或者同源蛋白质序列之间的相似性首先引起人们的注意。1962 年 Zucherkandl 和 Pauling 研究了序列变化与进化之间的关系，开创了一个新的领域——分子进化。随后，通过序列比对确定序列的功能及序列分类关系，成为序列分析的主要工作。1967 年，Dayhoff 研制出蛋白质序列图集，该图集后来演变为著名的蛋白质信息源 PIR。20 世纪 60 年代是生物信息学形成雏形的阶段。

一般认为，生物信息学的真正开端是 20 世纪 70 年代。从 20 世纪 70 年代初期到 80 年代初期，出现了一系列著名的序列比对方法和生物信息分析方法。1970 年，Needleman 和 Wunsch 提出了著名的全局优化算法。同年，Gibbs 和 Mcintyre 提出了矩阵打点作图法，该方法可用于寻找序列中重复片段，从而推测其结构。Dayhoff 提出的基于点突变模型的 PAM 矩阵是第一个广泛使用的比较氨基酸相似性的打分矩阵,它大大地提高了序列比较算法的性能。1972 年,Gatlin 将信息论引入序列分析,证实自然的生物分子序列是高度非随机的。1975 年,继第一批 RNA(tRNA)序列的发表之后,Pipas 和 McMahon 首先提出运用计算机技术预测 RNA 的二级结构。1977 年,出现了将 DNA 序列翻译成蛋白质序列的算法。1978 年,Gingeras 等研制出核酸序列中限制性酶切位点的识别软件。1980 年,《Science》杂志发表了关于计算分子生物学的综述。1981 年,Smith 和 Waterman 提出了著名的公共子序列识别算法。同年,Doolittle 提出关于序列模式的概念。1983 年,Wilbur 和 Lipman 发表了数据库相似序列搜索算法。1988 年,Pearson 和 Lipman 发表了著名的序列比对算法 FASTA。这一时期产生了许多生物分子序列数据,而在这个阶段数学统计方法和计算机技术都得到较快的发展,这促使一部分计算机科学家应用计算机技术解决生物学问题,特别是与生物分子序列相关的问题。他们开始研究生物分子序列,研究如何根据序列推测结构和功能。这时,生物信息学开始崭露头角。

1.1.3 生物信息学的兴起

生物信息学的真正发展则是在 20 世纪 90 年代,在人类基因组计划的推动下,生物信息学才得以迅猛发展。人类基因组计划产生的生物分子数据是生物信息学的源泉,而人类基因组计划所需要解决的问题则是生物信息学发展的动力。标志性工作包括基因、寻找和识别,网络数据库系统的建立和交互界面的开发等。例如,建立与发展表达序列标签(ex-Dressed sequence tag,EST)数据库以及电子克隆(virtual cloning)技术等。

20 世纪 90 年代,科学家们开始大规模的基因组研究。1986 年,出现基因组学概念,即研究基因组的作图、测序和分析。1995 年,第一个细菌基因组被完全测序。1996 年,酵母基因组被完全测序。同年,美国昂飞公司生产出第一块 DNA 芯片。1998 年,第一个多细胞生物——线虫的基因组被完全测序。1999 年,果蝇的基因组被完全测序。2000 年 6 月 24 日,人类基因组计划协作组中 6 个国家的研究机构在全球同一时间宣布已完成人类基因组的工作框架图。与此同时,生物信息学在人类基因组计划的促动之下迅速发展。

图 1-1 描绘了 1973—2000 年生物医学文献数据库 PubMed 中搜集的与生物信息学相关论文的历年统计结果。该图用有关生物信息学论文数量的变化来说明何时是生物信息学的形成初期,何时是生物信息学的迅速发展期。

2001 年 2 月,人类基因组计划测序工作的完成,使生物信息学走向了一个高

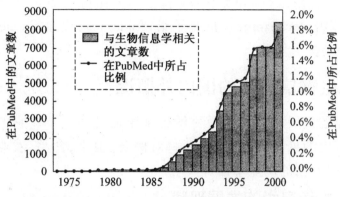

图 1-1　1973—2000 年 PubMed 中生物信息学相关论文统计

潮。由于 DNA 自动测序技术的快速发展,DNA 数据库中的核酸序列公共数据量以每天 10^6 比特速度增长,生物信息迅速膨胀成数据的海洋。当时,生物信息学的核心是基因组信息学,包括基因组信息的获取、处理、存储、分配和解释。基因组信息学的关键是揭示基因组的核苷酸顺序,即全部基因在染色体上的确切位置及各 DNA 片段的功能;同时,在发现新基因信息之后进行蛋白质空间结构模拟和预测,然后依据特定蛋白质的功能进行药物设计等实际应用研究。了解基因表达的调控机理也是生物信息学的重要内容,根据生物分子在基因调控中的作用,描述人类疾病的诊断、治疗的内在规律。它的研究目标是揭示基因组信息结构的复杂性及遗传语言的根本规律,解释生命的遗传语言。这时,生物信息学已经成为整个生命科学发展的重要组成部分,成为生命科学研究的前沿。

1.1.4　生物信息学的蓬勃发展

随着 21 世纪的到来,生物信息学研究的重点逐步转移到功能基因组信息研究,其研究的内容不仅包括基因的查询和同源性分析,而且进一步发展到基因和基因组的功能分析,即所谓的功能基因组学研究。其具体表现在:①将已知基因的序列与功能联系在一起进行研究;②从以常规克隆为基础的基因分离转向以序列分析和功能分析为基础的基因分离;③从单个基因致病机理的研究转向多个基因致病机理的研究;④从组织与组织之间的比较来研究功能基因组和蛋白质组。标志是大规模基因组分析、蛋白质组分析以及各种数据的比较和整合,出现了蛋白质组学、药物基因组学、比较基因组学、功能基因组学、系统生物学、整合生物学等学科。研究思路也发生了本质的变化,从传统的还原论研究生命过程转到了综合论思想。综合论方法研究基因和各种生物大分子是怎样通过网络调控方式形成一个生物系统的。提出了层次抽提和相互作用网络等概念。继基因组概念之后,人们开始关注转录组(transcriptome)、蛋白质组(proteome)、相互作用组(interactome)、定位组(localizome)、折叠子组(foldome)、代谢组(metabolome)和表型组(phenome)等。

1.1.5 生物信息学的国内外概况

生物信息学的发展将会对生命科学带来革命性的变革。它的成果不仅对相关基础学科起巨大的推动作用,而且还将对医药、卫生、食品、农业等产业产生巨大的影响,甚至引发新的产业革命。

1. 国外生物信息学的发展现状

生物医药工业也是推动生物信息学发展的重要动力。HGP 所推动的大规模 DNA 测序也为生物医药工业提供了大量可用于新药开发的原材料。有些基因产物可以直接作为药物,而有些基因则可以成为药物作用的对象。生物信息学为分子生物学家提供了大量对基因序列进行分析的工具,不但可以从资料的获取、基因功能的预测、药物筛选过程中的信息处理等方面大大加快新药开发的进程,而且可以大大加快传统的基因发现和研究,因而成为各赢利性研究机构和医药公司争夺基因专利的重要工具,这一竞争又反过来极大地刺激了生物信息学的发展。

因此,各国政府和工业界对此极为重视,投入了大量资金。欧美各国及日本相继成立了生物信息中心,如美国的国家生物技术信息中心(NCBI)、欧洲生物信息学研究所(EBI)、日本信息生物学中心(CIB)等。NCBI、EBI 和 CIB 相互合作,共同维护着 GenBank、EMBL、DDBJ 三大基因序列数据库。它们每天通过计算机网络互相交换数据,使得三个数据库能同时获得最新数据。此外,他们每年召开两个年会讨论合作事宜。

近年来,美国一些最著名的大学,如哈佛大学、普林斯顿大学、斯坦福大学、加州大学伯克利分校等,都投资几千万到一亿多美元成立了生物学、物理学、数学等学科交叉的新中心,诺贝尔奖获得者朱棣文领导的斯坦福大学的中心还命名为 Bio－X。1999 年 6 月,美国 NIH 的一个顾问小组建议在生物计算领域设立总额为数亿美元的重大科研基金,并成立 5 到 20 个计算中心以处理海量的基因组相关信息。

2. 国内生物信息学的发展现状

在我国,生物信息学随着人类基因组研究的展开才刚刚起步,但已显露出蓬勃发展的势头。在政府的支持和科学家的呼吁下,国家级生物医学信息学中心正在筹建之中。各地政府也给予了足够重视,北京市已经成立了北京生物工程学会生物信息学专业委员会(即北方生物信息学研究会),目的在于联合北方地区从事生物信息学的专家,加强合作,促进学科的发展,并为政府决策提供参考意见。

国内一些科研单位已经开始摸索着从事这方面的工作。例如:

①清华大学。在基因调控及基因功能分析、蛋白质二级结构预测方面。

②天津大学。物理系和中科院理论物理所在相关算法方面。

③中科院生物物理所。在基因组大规模测序数据的组装和标识方面。

④北京大学化学学院物理化学研究所。在蛋白质分子设计方面。

⑤华大基因组研究中心(中科院遗传所人类基因组研究中心)在大规模测序数据处理自动化流程体系及数据库系统建立方面均已展开相关研究。

1.2　生物信息学的主要研究内容

在短短的十几年间,生物信息学已经形成了多个研究方向,如图 1-2 所示。以下将介绍一些研究重点。

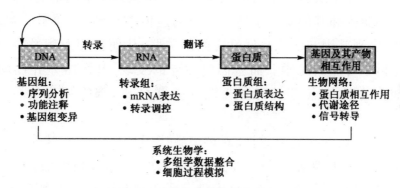

图 1-2　生物信息学的研究内容

1.2.1　基因组研究

1. 序列比对

序列比对是指通过 2 个或多个核酸或蛋白质序列进行比对,显示出其中相似性区域,而这些相似性的区域可能是与蛋白质的功能、结构或进化相关的关键序列。通过比较未知序列和已知序列的相似性,可以进一步预测未知序列的功能。

2. 基因组分析

人类基因组计划和其他各种基因组计划完成后产生的最直接的数据就是大量的基因组 DNA 序列。作为最主要的生物信息基本数据,从这些 DNA 序列中寻找新基因成为生物信息学最主要的应用。从编码区域推导出基因的结构及其对应的蛋白质序列。发现新基因也就是寻找可以编码蛋白质的序列。现阶段主要应用的方法有从已知 cDNA 及表达序列标签(EST)序列比对得到证据,从已知基因的蛋白质序列同源性得到证据,以及从相近物种间基因比对得到证据。此外,还有采用隐马尔可夫模型(HMM)和神经网络(neural network)在内的学习的方法来识别剪切位点、密码子使用偏爱及外显子和内含子长度。而且现在有许多软件用于预测识别真核基因的编码区,诸如 Genpaser、GenScan、GeneFinder 等。这些方法从识别基因组的外显子和内含子及剪切位点上提供了预测,但同时多基因的不同组合问题仍是预测外显子的难点。

基因组分析除了发现新基因外,同时在进行非编码区的分析工作。主要工作集中在基因表达调控及基因转录调控元件等的分析研究。通过对基因组编码区和非编码区的深入研究,必将对基因组结构信息组织的规律有更全面的认识。[①]

3. 基因组变异

遗传信息变异是所有基因组的共同特征。研究人类基因组变异是理解群体和个体间疾病易感性和其他生物学性状差异的遗传学基础,有助于了解基因变异与性状的关系,发现基因与疾病易感性之间的关联,从而预测发病风险,发展基于群体和个体遗传学特点的医学。而基因组变异的发现、基因组差异性的比较,以及单个核苷酸多态性位点与疾病易感性的关联分析,都需要生物信息学方法的支持。

不同个体、群体在疾病易感性、对环境致病因子反应性和其他性状上的差别,都与基因组序列中的变异有关。在最低的层次上,单个核苷酸位点发生了点变异,就形成了通常所说的单核苷酸多态性。发现单核苷酸多态性位点并构建其相关数据库,是基因组研究走向应用的重要步骤。在较高的层次上,大的染色体片段经历了复制、横向迁移、逆转、调换、删除和插入等过程。在最高的层次上,整个基因组会经历杂交、倍交、内共生等变异,并迅速产生新的物种。

1.2.2 转录组研究

1. 基因预测

基因预测是指通过生物信息学的方法寻找基因组 DNA 中的编码序列。目前,基因预测既包括预测为蛋白质编码的 DNA 或 RNA 基因,还包括其他功能区

① 陶士珩・生物信息学・北京:科学出版社,2007

域的预测,如调控区域的预测等。基因组测序完成后,基因预测是了解一个物种的基因组信息的重要环节。

2. 基因表达数据分析与处理

转录组学研究是通过对大规模基因表达数据的分析和处理,可以了解基因表达的时空规律,探索基因的功能和表达调控网络,提供疾病发病机理的信息;是了解生命活动动态的重要手段。目前,已有多种生物学技术可以用于测量基因的表达,如 DNA 微阵列、基因表达连续分析、大规模平行信号测序等。转录组学技术通常可产出成千上万个基因的表达数据,数据处理量大幅度增加,数据之间的关系更加复杂。因此,对于高维数、高噪声、强耦合的基因表达数据的分析和处理方法,成为生物信息学发展的一个重要方向。

目前,用于基因表达数据处理的方法主要包括相关分析、降维方法、聚类分析和判别分析等。通过主成分分析等降维方法,可以在多维数据集合中确定关键变量的特点,分析在不同条件下基因响应的规律和特征。聚类分析则将表达模式相似的基因聚为一类,在此基础上寻找相关基因,分析基因的功能。虽然聚类方法是基因表达数据分析的基础,但是此类方法只能找出基因之间简单的线性关系,要发现基因之间复杂的非线性关系则需要发展新的分析方法。

3. 基于调控网络的预测

基因调控网络及特定基因与其他基因的调控关系的研究对于深入研究发育的分子机理具有重要意义。根据识别策略和搜索对象的不同,已有的基因调控预测方法可大致分为基于保守基元(motif)的方法和基于比较基因组学的方法两类。前者主要在同一物种基因组的协同调控基因的调控区域内通过寻找保守基元来预测可能的结合位点;后者则利用比较基因组学方法,通过比对多个相关物种基因组的对应区域来发现具有公共保守特性的基元。

1.2.3 蛋白质组学分析

蛋白质组学以研究一种细胞、组织或完整生物体所拥有的全部蛋白质为特征。它的研究目标是分析蛋白质间相互作用和蛋白质的功能。蛋白质组研究的对象不是单一少数蛋白质,它更强调从全面性和整体性角度来揭示和阐明生命活动的规律。

1. 蛋白质组学表达分析

基因组对生命体的整体控制必须通过它所表达的全部蛋白质来执行,由于基因芯片技术只能反映从基因组到 RNA 的转录水平的表达情况,而从 RNA 到蛋白质还要经历许多中间环节,因此仅凭基因芯片技术还不能揭示生物功能的具体执行者——蛋白质的整体表达状况。为了测量基因组所有蛋白质产物的表达水平,研究人员发展出一系列蛋白质组学技术,主要包括二维凝胶电泳技术和质谱技术。通过二维凝胶电泳技术可以获得某一时间截面上蛋白质组的表达情况,通过质谱技术则可以得到所有蛋白质的序列组成。质谱技术往往能够产出海量的蛋白质表达数据,而对这些数据的分析和利用则要借助于生物信息学方法,如通过搜索数据库的方法鉴定蛋白质组分,对每种蛋白质的多少进行定量研究,通过质量控制的方法提高数据的可信性。这涉及大量的统计分析和数据处理工作,并且导致了更多新的问题涌现,例如,如何有效地存储海量的质谱数据?如何快速地进行蛋白质鉴定和定量分析?如何提高质谱数据的质量和覆盖度?解答这些问题都有待生物信息学方法的进一步发展。

2. 蛋白质的结构与功能研究

要了解基因编码的蛋白质的功能,只有氨基酸排列顺序是远远不够的。蛋白质功能的实现是依靠其空间三维结构执行的。了解蛋白质的三维结构是当务之急。在核酸序列数据增长的同时,蛋白质序列数据也在迅速增长,目前已知的蛋白质序列已过百万,而被测定的蛋白质结构只有 2 万多,其原因在于以 X 射线晶体学技术、多维核磁共振(NMR)波谱学技术为主要方法的蛋白质空间结构测定手段以每天只能得到几个生物大分子空间结构的速度前进。依靠这样的实验方法很难满足蛋白质三维结构研究进度的需要。因此蛋白质空间结构预测成为生物信息学研究的焦点之一。所谓蛋白质空间结构预测是指从蛋白质的氨基酸序列预测出其三维空间结构。这就需要发展一种预测蛋白质结构的新方法。这种新方法以我们已知结构的蛋白质为基石,采用计算的方法找到或预测与已知结构相似的结构,进行蛋白质结构预测首先要将待测蛋白质与数据库中的同源蛋白质进行序列比对,然后根据计算比对,依次进行二级结构、三级结构的预测。这实际上是利用同源相似性,推测待测同源蛋白质的结构。

1.2.4 生物网络研究

要了解细胞的整体状态,就必须依据人们的现有知识去重新构建复杂的生物学网络并进行相关分析,在基因组水平上阐释基因的活动规律。这从根本上改变了传统生物学的思维方式,形成了一种新的全局方法。

1. 蛋白质之间的相互作用的研究

蛋白质之间的相互作用存在于生物体每个细胞的生命活动过程中,它们相互交叉形成网络,构成细胞中的一系列重要生理活动的基础。研究蛋白质之间相互作用的方式和程度,将有助于蛋白质功能的分析、疾病致病机理的阐明和治疗。因此,确定蛋白质之间相互作用关系并绘制相互作用图谱已成为蛋白质组学研究的热点。近年来,随着蛋白质组学研究技术的不断发展,蛋白质之间相互作用研究的新方法不断出现,常用的技术有免疫共沉淀、酵母双杂交、噬菌体展示、荧光共振能量转移等。随着技术的进步,研究人员已经发现了很多大规模的蛋白质相互作用数据集,但它们还存在假阳性较高、覆盖度不够等问题,仍有大量的蛋白质相互作用没有被揭示。而生物信息学方法综合蛋白质的序列特征、结构特征、蛋白质之间的同源性及基因表达关联等多种生物学证据,既可以对蛋白质相互作用进行可靠性验证,也可以对未知的蛋白质相互作用进行挖掘。

2. 生物网络的构建与分析

生物网络构建主要包括两个方面:一方面是构建代谢和调控网络,如 KEGG 数据库已经整理了跨物种的代谢网络图,并在积极完善各种调控网络图;另一方面是构建基因表达调控网络,基因表达存在组织特异性、细胞周期特异性和外界信号的影响特异性,这些特异性都是由细胞内复杂而有序的调控机制来实现的。

蛋白质之间相互作用、蛋白质与 DNA 相互作用等数据,可用于构建大规模的分子相互作用网络。进一步,有必要整合各种网络信息与已有的生物学知识,从整体网络结构来研究基因及其产物的相互作用,提取基因的功能信息,这种研究思路更符合细胞的生命本质。

对于已构建的生物网络,则可借助于图论等网络分析方法对网络属性进行研究。目前,已发现生物网络具有无尺度性质、小世界属性、模块聚集性等,它们有利于保持生物学重要功能的稳定。同时,研究人员已着手研究与条件相关的动态生物网络,以便更深入地揭示生物网络内部的运行规律。

1.2.5 系统生物研究

传统生物学独立地检测单个基因和蛋白质,与之不同的是系统生物学同时研究多个水平上生物信息(DNA、mRNA、蛋白质、蛋白质复合体、生物通路及生物网络)之间复杂的相互作用,从而理解它们如何共同发挥作用。

1. 生物系统的建模与仿真

系统生物学研究的一个主要任务是生物系统的建模与仿真。其目标是:在已知的生物学知识和定量数据的基础上,利用各种建模工具建立生物系统的描述模型,以尽可能精确地模拟系统的行为。进一步,基于分子网络的定量描述模型,可以进行细胞过程的模拟,动态观测细胞中各种分子随时间和空间的改变,研究生物系统的运行机制,并预测其在各种刺激下可能的响应情况。例如,虚拟细胞就是通过数学计算和分析,对细胞的结构和功能进行分析、整合和应用,模拟和再现细胞的生命现象。通过该项研究,有望从单个细胞开始,建立一个能够模拟人体系统运行过程中所有生化反应的虚拟人体。

2. 组学数据的整合

组学数据整合就是要对来自不同组学的数据源进行归一化处理、比较分析,建立不同组学数据之间的关系,综合多组学数据对生物过程进行全面深入的阐释。组学数据整合的任务可以归纳为如下 3 个层次。

①对两个组学数据之间进行比较分析,挖掘数据之间的相关性和差异性。

②给定三个或多个组学数据,挖掘它们之间的内在关系。

③针对现有的所有组学数据,发展通用的数据整合方法和软件,进行大规模的、系统的数据整合。

1.2.6 医学相关研究

人类基因工程的目的之一是要了解人体内约 10 万种蛋白质的结构、功能、相互作用以及与人类各种疾病发生之间的关系,寻求各种治疗和预防方法,包括药物治疗。基于生物大分子结构及小分子结构的药物设计是生物信息学中的极为重要的研究领域。为了抑制某些酶或蛋白质的活性,在已知其蛋白质三级结构的基础上,可以利用分子对齐算法,在计算机上设计抑制剂分子,作为候选药物。基于结构的药物设计是计算机辅助药物设计的重要分支。这一领域研究的目的是发现新的基因药物,有着巨大的经济效益。

1. 药物研发

根据生物信息学研究产生的生物大分子空间结构的信息,选定对疾病防治起决定作用的靶标结构分子,设计和筛选可以对靶标分子有高活性的药物。这将为新药筛选、药靶设计和分子药理学研究,以及疑难病的药物设计和途径选择等提供新的方法论基础。药物研发的一般流程是:首先是靶标分子的鉴定、候选药物的筛选、药物作用机制的研究、药物动力学和毒性研究等。在进行药物靶点研究的同时,应用生物信息学技术和计算机辅助筛选相结合,开辟了新的药物发现途径。在生物信息学研究的基础上,利用获得的蛋白质结构和功能信息,用计算机辅助药物设计,加快了药物发现的速度。现在许多制药公司充分应用药物基因组学及生物信息学其他分支学科的理论知识和技术手段来设计临床实验并模拟和分析理论与实验数据。这将大大减少新药开发成本,缩短开发周期,为患者、医生和健康医疗机构等诸方面带来选择性治疗的革命。

2. 药物设计

合理药物设计的目标是:依据药物发现过程所揭示的药物作用靶标,即受体,参考其内源性配基和天然药物的化学结构特征,寻找和设计合理的药物分子,以发现既能选择性地作用于靶标,又具有药理活性的先导化合物。药物设计中最基本的原理是"锁和钥匙"原理,即药物在体内与特定的靶标作用,并引起靶标分子的结构和功能的变化。利用生物信息学方法可以进行计算机辅助的药物设计,开发多种药物设计工具。

实际上,生物信息学的研究内容远不止于此,随着更多实验数据的产出和生物学理论的发展,生物信息学的研究范畴还在不断扩展。其总体任务是:运用学理论成果对生物体进行完整、系统的数学模型描述,使人类能够从一个更明确的角度和一个更易于操作的途径来认识和控制自身及其他所有生命体。

1.2.7 生物芯片

1. 基因芯片

基因芯片(gene chip)又称为 DNA 芯片,它是最早开发的生物芯片。基因芯片还可称为 DNA 微阵列(DNA microarray)、寡核苷酸微阵列(oligonucleotide array)等,是专门用于检测核酸的生物芯片,也是目前运用最为广泛的微阵列芯片(图 1-3)。基因芯片技术是近年发展和普及起来的一种以斑点杂交为基础建立的高通量基因检测技术。其基本原理是:先将数以万计的已知序列的 DNA 片段作为探针按照一定的阵列高密度集中在基片表面,这样阵列中的每个位点(cell)实际上代表了一种特定基因,然后与用荧光素标记的待测核酸进行杂交。用专门仪器检测芯片上的杂交信号,经过计算机对数据进行分析处理,获得待测核酸的各种信息,从而得到疾病诊断、药物筛选和基因功能研究等目的。

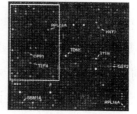

图 1-3 基因芯片示意图

2. 蛋白质芯片

蛋白质芯片(protein microarray)是在基因芯片的基础上开发的,其基本原理是在保证蛋白质的理化性质和生物活性的前提下,将各种蛋白质有序地固定在基片上制成检测芯片,然后用标记的抗体或抗原与芯片上的探针进行反应,经过漂洗除去未结合成分,再用荧光扫描仪测定芯片上各结合点的荧光强度,分析获得有关信息(图 1-4)。

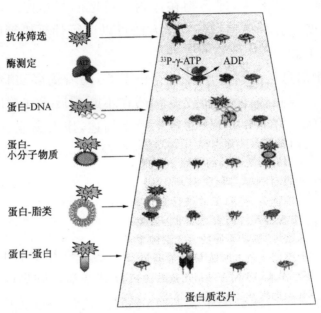

图 1-4　蛋白质芯片示意图

蛋白质芯片具有以下特点:①特异性强,这是由抗原抗体之间、蛋白与配体之间的特异性结合决定的;②通量高,在一次实验中对上千种目标蛋白同时进行检测,效率极高;③敏感性高,可以检测出样品中微量蛋白的存在,检测水平已达 μg级;④重复性好,不同次实验间相同两点之间差异很小;⑤应用性强,样品的前处理简单,只需对少量实际标本进行沉降分离和标记后,即可加于芯片上进行分析和检测。[①]

蛋白质芯片技术是近年来出现的一种蛋白质的表达、结构和功能分析的技术,它比基因芯片更进一步接近生命活动的物质层面,有着比基因芯片更加直接的应用前景。蛋白质芯片技术可以用于研究生物分子相互作用,并且还广泛用于基础研究、临床诊断、靶点确证、新药开发等多个领域。

① 叶子弘·生物信息学·杭州:浙江大学出版社,2011

1.3　生物信息学的应用

1. 提供数据分析的工具

从工具的角度来讲,生物信息学是进行生物学研究所必需的舵手和动力机,只有基于生物信息学对大量现有数据资料的分析处理所提供的理论指导和分析,研究人员才能选择正确的研究方向。同样,只有选择合适的生物信息学分析方法和手段,研究人员才能正确处理和评价新的观测数据,并得到准确的结论。

可以说,生物学研究的几乎所有环节都离不开生物信息学的专业工具。提供生物数据分析的强有力工具,也是生物信息学能够得以兴起和发展的根本原因。从海量基因序列、蛋白质序列的数据库存储,到序列拼接及比对软件,再到转录组数据的聚类与可视化软件,以及大型生物系统的建模与仿真软件,开发和使用生物信息学工具已成为生物学研究必不可少的关键环节。

2. 辅助实验设计

生物信息学的出现改变了生物学的研究方式。传统的生物学是一门实验科学,传统分子生物学实验往往集中精力研究一个基因、一条代谢路径,手工分析完全能够胜任。然而,随着分子生物学技术的发展,已经出现了一些高通量的实验方法,如利用基因芯片技术可以一次性获取上千个基因的表达数据。对于高通量的实验结果,必须利用计算机进行自动分析。因此,在高通量实验技术出现的时代,生物信息学必然要介入生物学研究和实验。

另外,现在全世界每天都会产生大量的核酸和蛋白质序列,不可能用实验的方法去详细研究每一条序列,必须首先进行信息处理和分析,去粗取精,去伪存真。通过预处理,发现有用的线索,在此基础上进行有针对性、目的明确的分子生物学实验。通过数据分析进行筛选,可以把宝贵的人力物力投入到最有可能成功的实验之中。因此,生物信息学在指导实验、精心设计实验方面将会发挥重要的作用。科学家预言:生物信息学将是 21 世纪生物学的核心。生物信息学不仅改变了传统的实验研究方法,而且提高了生物学实验研究的科学性和效率。[①]

3. 促进医学研究

生物信息学对于医学研究具有重要意义。通过生物信息学分析,可以了解基因与疾病的关系,了解疾病产生的机理,为疾病的诊断和治疗提供依据。同时,研

---

① 叶子弘·生物信息学·杭州:浙江大学出版社,2011

究生物分子结构与功能的关系也是研制新药的基础,可以帮助确定新药作用的目标和作用的方式,从而为设计新药提供依据。目前,揭示人类及重要动植物种类的基因信息,继而开展生物大分子结构模拟和药物设计,已成为生物学研究的重要课题之一,有可能为人类疾病的科学诊断和合理治疗开辟全新的途径。

4. 探索生物规律

生物信息学研究是从理论上认识生物本质的必要途径。通过生物信息学研究和探索,可以更全面和深刻地认识生物科学中的本质问题,了解生物分子信息的组织和结构,破译基因组信息,阐明生物信息之间的关系。基因序列到蛋白质序列的三联密码关系是众所周知的,也是非常简单和明确的。然而,基因调控序列与基因表达之间的关系、蛋白质序列与蛋白质结构之间的关系则是未知的,也是非常复杂的。破译和阐明生物信息的本质将使人类对生物界的认识跨越一个新台阶。

从生物分子数据本身来看,各种数据之间存在着密切的联系,如基因突变与疾病、DNA 序列与蛋白质序列等,这些联系反映了生物学的规律。但是,这些关系往往是人们未知的且非常复杂的,无法简单的多元统计方法进行分析。因而,随着分子生物学研究的深入,必然需要不断更新的生物信息学。人们正在试图阐明细胞内全部相互耦合的调控网络和代谢网络、细胞间各种信号的传导过程、不同时期生理和病理的基因表达变化等。对于这些复杂的关系,需要综合运用数学统计方法、计算机编程技术和机器学习方法,进行生物信息的解读,从而了解生物分子信息的组织和结构,破译基因组信息,阐明生物信息之间的关系,帮助认识生物本质。

习题

1. 什么是生物信息学?
2. 生物信息学有哪些主要研究领域?
3. 学习生物信息学有何重要意义?
4. 如何学习生物信息学?
5. 生物信息学目前主要研究内容是什么?

第2章 生物信息数据库

近年来大量生物学实验数据的积累,形成了当前数以百计的生物信息数据库。它们各自按一定的目标收集和整理生物学实验数据,并提供相关的数据查询、数据处理的服务。随着因特网的普及,这些数据库大多可以通过网络或者网络下载来访问。

本章将介绍生物信息数据网的特征、分类、发展史和一些著名的有特色的数据库依次做简要介绍。

2.1 概述

1. 生物数据库的特征

生物信息数据库的发展状况有下列几个特征:

①数据更新速度加快,数据量呈指数级增长趋势。

②数据库网络化。绝大部分数据库都可在互联网上访问,且数据库之间相互链接,资源共享。

③数据库复杂程度增加。数据库中除基本数据之外,还包括大量的功能注释、相关信息链接等信息。

2. 生物数据库的分类

目前,生物信息学数据库大致可以分为4类:基因组数据库、核酸和蛋白质一级结构序列数据库、生物大分子(主要是蛋白质)三维空间结构数据库以及由这3类数据库和文献资料为基础构建的二级数据库。前3类数据库是生物信息的基本数据资源,直接来源于实验获得的原始数据,只经过简单的归类整理和注释,通常称为基本数据库或初始数据库,也称一级数据库。一级数据库的数据都直接来源于实验获得的原始数据,只经过简单的归类整理和注释,包括基因组数据库、核酸和蛋白质一级结构序列数据库、生物大分子(主要是蛋白质)三维空间结构数据库。国际上著名的一级核酸数据库有 GenBank、EMBL 和 DDBJ 等;蛋白质序列数据库有 SWISS-PROT、PIR 等;蛋白质结构库有 PDB 等。二级数据库是在一级数据库、实验数据和理论分析的基础上针对特定目标衍生而来的,是对生物学知识和信息的进一步整理。二级生物学数据库非常多,它们因针对不同的研究内容和需要而各具特色,如人类基因组图谱库 GDB、转录因子和结合位点库 TRANS-FAC、蛋白质结构家族分类库 SCOP 等。一级数据库的数据量大、更新速度快、用户面广,但存在过多的冗余数据;二级数据库的容量比较小,更新速度没有一级数据库那样快,但经过筛选后,避免了过多的冗余数据,其中与蛋白质相关的二级数据库较多。

3. 生物数据库的发展史

历史上,蛋白质数据库先于核苷酸数据库出现。蛋白质测序技术的发展(Sanger 和 Tuppy,1951)使得人们能对常见的蛋白质家族进行测序,例如对来自不同生物的细胞色素进行测序。

20 世纪 60 年代初期,Margaret Dayhoff 试图将文献中所有的蛋白质序列汇总在一起,为研究提供有用工具。于是 Dayhoff 和她在华盛顿特区的"美国生物医学研究基金会"(National Biomedical Research Foundation,NBRF)的合作者们一道收集所有已知的序列组合成一个蛋白质序列图谱集。随后,每当新出现一种蛋白质序列,即与该图谱比对,以找出与其他蛋白质的关系,这就使得一些不同蛋白质之间序列相识区域被鉴定出来。他们的收集中心即为后来的"蛋白质信息资源"(Protein Information Resource,PIR)。NBRF 从 1984 年起开始负责维护该数据库。

1974 年,欧洲分子生物学实验室(European Molecular Biology Laboratory,EMBL)由西欧各国及以色列等 16 国资助在德国海德堡市创建。1980 年 EMBL 建立了世界上第一个核酸序列数据库,1992 年建立了欧洲生物信息学研究所(European Bioinformatics Institute,EBI)。GenBank 核酸序列数据库最早是由 Walter Goad 及其同事在位于美国新墨西哥州的 Los Alamos 国家实验室(LANL)建立。Goad 在 1979 年确立了 GenBank 原型系统,1982 年开始筹建所谓的 Los Alamos 序列文库,当时被命名为 GenBank 核酸序列数据库。1988 年,美国建立了国家生物技术信息中心(National Center for Biotechnology Information,NCBI),并正式接管了 GenBank。1984 年,日本 DNA 数据库(DNA Data Bank of Japan,DDBJ)在三岛市建成。1988 年,NBRF 与慕尼黑蛋白质序列中心(Munich Center for Protein Sequences,MIPS)以及日本国际蛋白质信息数据库(Japan International Protein Information Database,JIPID)合作建立了一个 PIR 国际蛋白质序列数据库(PIR International Protein Sequences Database)。数年后,日内瓦大学与欧洲分子生物学实验室(EMBL)合作建立了著名的 SWISS-PROT,该数据库

包含 PIR 的所有信息,同时也含有丰富的注释,并可链接到其他数据库。近年来,SWISS-PROT 数据库已经成为蛋白质数据库的标准。核酸序列信息的快速增长起始于 EMBL 与 GenBank 核酸序列数据库的建立。目前,GenBank、EMBL 及 DDBJ 已组成国际核苷酸序列数据库合作体,每日进行数据交换。

在 20 世纪 80 年代早期,只有几个主要的数据库,1982 年存放于 GenBank 中的序列仅有 606 条共 680338 个核苷酸序列。当时没有人会预料到数据库会像今天这样如此庞大。那时的数据库主要靠用户自己管理,而不是集中管理;数据库中的信息由存放者自己修改,序列的注释也全由提交者负责,更新速度慢,且出现许多冗余序列。随着分子生物学技术的发展以及蛋白质组学和基因组学技术的建立,生物大分子的相关数据呈指数增长。尤其在 20 世纪 90 年代初期,随着人类基因组计划的实施,核酸序列及碱基对数据存储量以惊人的速度增长,到 2011 年 1 月 GenBank 的序列已增加到 129902276 条,共计 122082812719 碱基对。由于核酸序列数据库储量的快速增长,蛋白质序列的数据库储量也飞速发展。随着结构蛋白质组学的提出与实施,生物大分子结构解析的数量也呈指数级增长。图 2-1 是 Gen-Bank 数据库中近年来数据量的统计,反映出 DNA 序列数据迅速增长的趋势。[①]

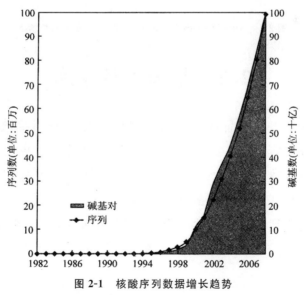

图 2-1　核酸序列数据增长趋势

（引自 http://www. ncbi. nih. gov/genbank/ genbankstas. html）

生物分子数据的高速增长和分子生物学相关领域研究人员迅速获得最新实

---

① 孙清鹏·生物信息学教程·北京:中国林业出版社,2012

验数据的要求,导致了大量生物分子数据库的建立与快速增长(图 2-2)。从 1996
年开始,Nucleic AcidsResearch(NAR,http://nar.oxfordjournals.org)杂志在其
每年的第一期中详细介绍最新版本的各种数据库(2004 年开始出版数据库专辑),
包括数据库内容的详尽描述与访问网址。至 2011 年,NAR 收集了全世界 1330
个主要分子生物学数据库,从 NAR 的数据库分类列表中也可以直接了解数据库
的信息、更新情况及访问网址。为了编辑的方便,NAR 赋予每个数据库一个固定
的入口编号,此编号不随它的存储位置、URL、作者或通信人地址的变动而变化。

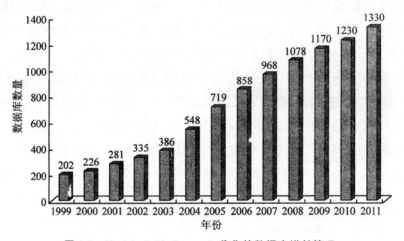

图 2-2　Nucleic Acids Research 收集的数据库增长情况

2.2　基因组数据库

　　基因组数据库是生物信息数据库重要组成部分。基因组数据库内容丰富,格
式不一,分布广泛,主体是人、小鼠、大鼠、拟南芥、水稻、线虫、果蝇、酵母、大肠杆
菌等模式生物基因组数据库,大部分数据由世界各国人类基因组研究中心、测序
中心提供。随着资源基因组计划的普遍实施,上千种动植物和微生物的基因组信
息资源均能在网上找到。除模式生物基因组数据库外,基因组信息资源还包括基
因突变、遗传疾病、比较基因组、基因图谱、基因调控和表达、放射杂交等各种数
据库。

1. GDB

　　基因组数据库(GDB)为人类基因组计划(HGP)保存和处理基因组图谱数据。
GDB 的目标是构建关于人类基因组的百科全书,除了构建基因组图谱之外,还开
发了描述序列水平的基因组内容的方法,包括序列变异和其他对功能和表型的描

述。目前 GDB 中有：人类基因组区域（包括基因单位、PCR 位点、细胞遗传标记、EST 序列、叠连群和重复序列等）；人类基因组图谱（包括细胞遗传图谱、连锁图谱、放射性杂交图谱、叠连群图谱和转录图谱等）；人类基因组内的变异（包括突变和多态性，加上等位基因频率数据）。GDB 数据库以对象模型来保存数据，提供基于 Web 的数据对象检索服务，用户可以搜索各种类型的对象，并以图形方式观看基因组图谱。[①]

GDB 的网址是 http：// www. gdb. org/

GDB 的国内镜像是 http：// gdb. Pku. edu. cn/gdb/

2. Ensembl

Ensembl 是一个综合基因组数据库，它是由欧洲分子生物学实验室（European Molecular Biology Laboratories，EMBL）、欧洲生物信息学研究所（European Bioinformatics Institute，EBI）与英国 Sanger 研究所共同开发的一个系统。Ensembl 产生并维护关于各种动物基因组的自动注释，如人类基因组、小鼠基因组、大鼠基因组、黑猩猩基因组等。Ensembl 将序列片段组装成单个长序列后，分析这些组装后的序列，搜索其中的基因，发现一些感兴趣的特征。Ensembl 所用的基因预测程序为 GenScan。该数据库还提供疾病、细胞等方面的信息，并且提供数据下载、数据搜索、统计分析等服务。Ensembl 的网址为 http：// www. ensembl. org/。

3. AceDB

AceDB 始建于 1989 年，是线虫基因组（Caenorhabditis elegans）数据库，基于面向对象的程序设计技术，既是一个数据库，又是一个灵活和通用的数据库管理系统，可用于包括从细菌、真菌、寄生虫、植物、昆虫、动物到人类等许多生物的基因组数据库的数据分析。Sanger 中心已将其用于线虫和人类基因组数据库的浏览和检索，库内资源包括限制性图谱、基因结构信息、质粒图谱、序列数据、参考文献等内容。AceDB 最初是基于 UNIX 操作系统的 X 窗体系统，适用于本地计算机系统。新开发的 WebAce 和 AceBrowse 则基于网络浏览器。AceDB 的网址为 http：// www. acedb. org/。

2.3　序列数据库

序列数据库是分子信息数据库中最基本的数据库，包括核酸和蛋白质两类，

---

① 　陶士珩·生物信息学·北京：科学出版社，2007

以核苷酸碱基顺序和氨基酸碱基顺序为基本内容。

2.3.1　核酸序列库

核酸序列是了解生物体结构、功能、发育和进化的出发点,因而在各种生物信息数据库中,最常见最重要的是核苷酸序列数据库。EMBL、DDBJ、GenBank 是现在国际上最主要的三大核酸序列数据库。1988 这三大组织互相合作,共同成立了国际核苷酸序列数据库协会(International Nucleotide Sequence Database Collaboration,INSDC,http://www.insdc.org/),合作的目的就是加强联系,共同收集全球范围内的核酸序列,对其进行分析及注释,对数据库的记录都采用相同的格式。现在三方都可以收集直接提交给各自数据库的数据,每一方只负责更新提交到自己数据库的数据,并在三方之间发布,任何一方都拥有三方所有的序列数据,实现同步更新,每 2 个月更新 1 次版本,又不会发生数据更新的冲突(图 2-3)。从地域角度而言,GenBank 主要负责收集美洲的数据,EMBL 负责欧洲,DDBJ 负责亚洲。

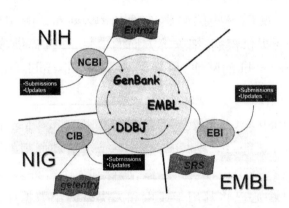

图 2-3　三大核酸序列数据库之间的联系

1. GenBank 序列数据库

GenBank 是国际上最著名的核酸数据库,是美国国立卫生研究院维护的基因序列数据库,汇集并注释了所有公开的核酸序列。每个纪录代表了一个单独的、连续的、带有注释的 DNA 或 RNA 片段。其序列组织方式为 ACSII 文本文件,主要存放核酸序列数据,同时还有一些辅助文件。GenBank 的网址为 http://www.ncbi.nlm.nih.gov/genbank/。

(1)序列文件格式

FASTA:又叫 Pearson(FASTA 的主要作者)格式,是最简单的格式,使用最多,很多分子生物学软件以及序列提交比对均用这种格式。

如：一个 DNA 序列可以表示为核苷酸字符串。

＞gi|11612140|gb|AF316139.|AF316139 Simian virus 40 strain 776 comple genome

GCCTCGGCT　CTGCATAAAT　AAAAAAAATT　AGTCAGCCAT GGGGGGGAGA ATGGGGGGAA

CTGGGCGGAG　TTAGGGGCGG　GATGGGCGGA　GTTAGGGGCG GGACTATGGT TGCTGACTAA

TTGAGATGCA　TGCTTTGCAT　ACTTCTGCCT　GCTGGGGAGC CT-GGGGACTT TCCACACCTG

GTTGCTGACT　AATTGAGATG　CACATTCCAC　AGCTGGTTCT TTC-CGCCTCA GAAGGTACCT

TTTCCACACC　CTAACTGACA　CACATTCCAC　AGCTGGTTCT TTC-CGCCTCA GAAGGTACCT

AACCGAATTC　CTAACTGACA　GGTTATTTCA　GGCCATGGTG CT-GCGCCGGC TGTCACGCCA

GGCCTCCGTT　AAGGTTGGTA　GGTCATGGAC　TGAAAGTAAA AAAACAGCTC AACGCCTTTT

TGTGTTTGTT　TTAGAGCTTT　TGCTGCAATT　TTGTGAAGGG GAAGATACTG TTGACGGGAA

第一行：大于号（＞）表示一个新的序列文件的开始，为标记符。后面可以加上文字说明，gi 号，GenBank 检索号，LOCUS 名称等信息。如上面的 DNA 序列，gi 号为 11612140，gb 号（GenBank 检索号）为 AF31619.1，名称是 Simian virus 40 strain 776 complete genome。

第二行：为 DNA 或蛋白质的标准符号，通常核苷酸符号大小写均可，而氨基酸一般用大写字母。有些程序对大小写有明确要求，使用时需要注意。

一般每行 60 或 80 个字母（但并非标准规定）。

结束：无特殊标志，但建议多留一个空行，以便将序列和其他内容区分开。

（2）数据库格式

GenBank Flat File(GBFF)是最广泛用于表示生物序列的格式之一，也是三大数据库交换数据时采用的格式，分为四部分：①描述行，从第一行 LOCUS 到 ORIGIN，包含了关于整个记录的信息；②特征表，从 FEATURES 开始，包含了注释这一记录的特性，是条目的核心；③引文区，每个 GenBank 至少记录一篇，提供了这个记录的科学依据；④核酸序列本身，在最后一行以"//"结尾。

图 2-4 是猪流感序列条目的 GenBank 格式,其中序列代码"Accession"是唯一且永久存在的,在文献引用中以代码(而非序列名称)为准。除了一般注释信息外,GenBank 还包括了大量与序列特性相关的注释信息,这些信息为数据库的使用和二次开发提供了基础。这些注释信息位于其他注释信息和序列之间,称序列特征表,以标识字"FEATURE"引导。序列特征表详细描述该序列的各种特性,包括序列来源、基因编码区域及序列、蛋白质编码区及翻译所得氨基酸序列等。

不同序列条目大小相差很大,有的只有几个碱基,有的却有几十万个碱基。上述特征位点仅供参考,并非每个序列均包含。

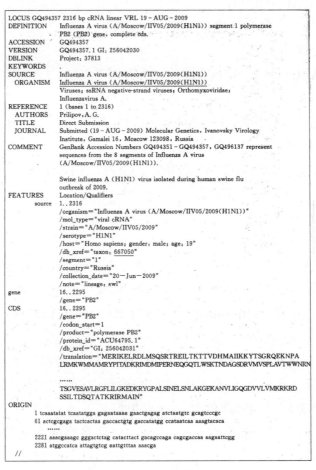

图 2-4　GBFF 数据库格式实例

(3)构建数据库

GenBank 数据递交方式有 BankIt 和 Sequin。其中,BankIt 是直接通过 NCBI 提供的 WWW 形式的表格进行简便、快捷的递交,适合少量和短序列的递交。Sequin 是可供 Mac、PC/Windows、UNIX 用户使用的递交软件,在输入有关数据的详细资料后通过 E-mail 发送到 NCBI,也可以将数据文件拷贝到软盘上邮寄给 NCBI。这种方式便于大量序列及长序列的输入。数据递交后,作者将收到一个数据存取号,表明递交的数据已被接收,此存取号可作为以后向数据库查询时的凭据,作者可将其列入发表文章中。作者可通过 BankIt、Sequin 或 E-mail 方式,对已被收入数据库的数据进行修改、添加或删减。由于三大核酸数据库之间每日都互相交换数据,因此作者向其中任意一个数据库递交数据即可。

(4)数据检索

①Entrez 系统。GenBank 中的 EST 和 GSS 序列信息储存在 Entrez 的 EST 和 GSS 数据库,其他的所有系列储存在 Entrez 核苷酸数据库。Entrez 的其他数据库包含来源于 GenBank 和其他数据库推导出的蛋白质序列、基因组图谱、种群、进化和环境序列数据集、基因表达数据、NCBI 分类学、蛋白质结构信息和来源于分子模型数据库(Molecular Modeling Database,MMDB)的蛋白质结构数据库,每个数据库通过 PubMed 和 PubMed Central 与相关的学术文献链接。

②BLAST 序列相似性搜索。序列相似性搜索是 GenBank 数据最基本和使用最多的分析方法。NCBI 提供 BLAST 程序包(blast. ncbi. nlm. nih. gov),用于检测一条查询序列与数据库所有序列的相似性。BLAST 搜索可以在 NCBI 网站上运行,也可以在 FTP 站点上下载独立的程序包使用。

③与测序计划相关的序列记录。确认所有 GenBank 记录提交的组织和他们的侧重目标是分析大量序列数据的基础,如宏基因组学调查。利用物种或提交者名字定义序列数据集是不可靠的。起始于 NCBI、后由 INSDC 接管的基因组计划数据库(www. ncbi. nlm. nih. gov/genomeprj),允许测序中心注册测序计划,并且测序计划有其特殊的标识符,以保证测序计划与该计划产生的数据建立可靠的链接。基因组计划数据库当前有些扩展,包括多种多样的测序计划,如:宏基因组和环境样品计划,比较基因组计划和转录组计划,专注于特有位点的计划如 16 S 核糖体 RNA),著名的医学事件(如 2009 年 H1N1 流感爆发)。

在 GenBank 纯文本文件中出现的"DBLINK"行用于确定测序计划与 GenBank 某条序列记录是关联的,该定义行是 GenBank 发行第 172 版后,用来替代早期的"PROJECT"行。[①]

④通过 FTP 获取 GenBank 数据。NCBI 除了用于内部维护的 ASN. 1 格式之外,还以传统的纯文本文件格式发布 GenBank 数据。通过 NCBI 匿名 FTP (ftp. ncbi. nih. gov/genbank)站点可以获得每 2 个月发布一次的版本以及每天同

---

① 孙清鹏. 生物信息学应用教程. 北京:中国林业出本社,2012

EMBL 和 DDBJ 更新交换的数据。通过 ftp. ncbi. nih. gov/daily-nc/可以获取全部版本的纯文本更新数据的压缩文件。为了方便文件传输,GenBank 数据被分解成多个文件,在发布的 179 版,数据库被分解为 1443 个文件,未压缩的完整副本占484GB。GenBank 的 ftp. ncbi. nih. gov/tools/站点提供转换每日更新数据集的脚本。

2. EMBL 序列数据库

EMBL 创建于 1982 年,是最早的 DNA 序列数据库。其数据来源主要有:①由序列发现者直接提交。大部分国际权威生物学杂志都要求作者在文章发表前提交其测定的序列给 GenBank、EMBL 或 DDBJ,拿到数据库管理系统签发的序列代码。②从生物医学期刊上收录已发布的序列信息。对于每个序列,相关数据包括序列名称、序列位点、关键字、来源、物种、注释、参考文献。EMBL 的网址为http//:www. ebi. ac. uk/embl/。

EMBL 数据库的每个条目是一个纯文本文件,每一行的最前面是由两个大写字母组成的识别标志。特别指出的是,在 FT(特性表)的部分,包含有一批关键字,其定义已经和 GenBank 与 DDBJ 统一,在介绍 GenBank 的格式中已给出详细说明。欧洲许多数据库如 SWISS-PROT、ENZYME 等,都采用和 EMBL 一致的格式。与 GenBank 的主要区别是:每行左端均有识别标志,且由两个大写字母组成,是 GenBank 的识别标志的缩写;第三部分的序列的序号在右侧。

EMBL 核酸序列数据库由关系数据库管理系统 ORACLE 来维护,在 DEC alpha VMS 系统下运行,用户可通过检索系统 SRS 检索所有数据库信息,数据库中的每一个序列数据被赋予一个登录号,它是一个永久性的唯一标识。数据库条目用 EMBL 平面文件格式发布,它提供了一种方便读者的结构,由不同的行类型(line type)组成,用来记录组成一个条目的不同类型的数据。典型的 EMBL 平面文件格式包括一系列严格控制的行类型和四大主要数据区。第一个区包括描述和标识符,如条目名称、分子类型、分类、序列长度等基本描述内容;标识符有登录号(AC)、序列版本(SV)、日期(DT)、描述(DE)、关键词(KW)、物种(OS)、分类(OC)、相关数据库链接(DR)等。第二个区是引文区,包括参考文献的编号(RN)、作者(RA)、题目(RT)、出处(RL)、注解(RC)和相关文献其他注释(RP),RX 是到其他文献数据库的链接。第三个区由许多特征(FT)行组成,包括序列的特征,如序列的长度、来自何种生物体、何种组织和染色体的定位等详细信息。第四个区由"SQ"开始,结束的标记是"//",包括序列的长度、碱基组成及序列的详细信息。

3. DDBJ 数据库

DDBJ 数据库即日本核酸序列数据库(DNA Data Bank of Japan),是亚洲唯一的核酸序列数据库,由日本国立遗传学研究所遗传信息中心维护。DDBJ 数据库首先是反映日本所产生的 DNA 数据,同时与 GenBank 和 EMBL 合作,互通有无,同步更新,每年 4 版。DDBJ 数据库采用与 GenBank 一致的格式。

2.3.2 蛋白质数据库

1. 蛋白质序列数据库

由于蛋白质序列测定技术先于 DNA 序列测定技术问世,蛋白质序列的搜集也早于 DNA 序列。蛋白质序列数据库的雏形可以追溯到 20 世纪 60 年代。从 20 世纪 60 年代中期到 80 年代初,美国国家生物医学研究基金会(National Biomedical Research Foundation,NBRF)Dayhoff 领导的研究组将搜集到的蛋白质序列和结构信息以"蛋白质序列和结构地图集(atlas of protein sequenceand structure)"的形式发表,主要用来研究蛋白质的进化关系。1984 年,"蛋白质信息资源(proteininformation resource,PIR)"计划正式启动,蛋白质序列数据库 PIR 也因此而诞生。与核酸序列数据库的国际合作相呼应,1988 年,美国的 NBRF、日本的国际蛋白质信息数据库(Japanese International Protein Information Database,JIPID)和德国的慕尼黑蛋白质序列信息中心 (Munich Information Center for Protein Sequences,MIPS)合作成立了国际蛋白质信息中心(PIR-International),共同收集和维护蛋白质序列数据库 PIR。

(1)PIR

PIR 是由美国国家生物医学研究基金会(NBRF)、慕尼黑蛋白质序列信息中心(MIPS)和日本国际蛋白质序列数据库(JIPID)共同维护的国际上最大的公共蛋白质序列数据库。这是一个全面的、经过注释的、非冗余的蛋白质序列数据库,包含超过 283416 条蛋白质序列(至 2004 年 12 月 31 日),其中包括来自几十个完整基因组的蛋白质序列。所有序列数据都经过整理,超过 99% 的序列已按蛋白质家族分类,一半以上还按蛋白质超家族进行了分类。PIR 的注释中还包括对许多序列、结构、基因组和文献数据库的交叉索引,以及数据库内部条目之间的索引。这些内部索引帮 助用户在包括复合物、酶—底物相互作用、活化和调控级联,以及具有共同特征的条目之间方便的检索。PIR 提供三类序列搜索服务:基于文本的交互式检索;标准的序列相似性搜索,包括 BLAST、FASTA 等;结合序列相似性、注释信息和蛋白质家族信息的高级搜索,包括按注释分类的相似性搜索、结构域搜索 GeneFIND 等。

PIR 的网址是 http://pir. georgetown. edu/。

数据库下载地址是 ftp：//nbrfa. georgetown. edu/pir/。

（2）UniProt

UniProt（全球蛋白质资源数据库）是一个集中收录蛋白质资源并能与其他资源相互联系的数据库，也是目前为止收录蛋白质序列目录最广泛、功能注释最全面的一个数据库。UniProt 是由欧洲生物信息学研究所、美国蛋白质信息资源以及瑞士生物信息研究所（Swiss Institute of Bioinformatics，SIB）等机构共同组成的 UniProt 协会（UniProt Consortium）编辑、制作的一个信息资源，旨在为从事现代生物研究的科研人员提供一个有关蛋白质序列及其相关功能方面广泛的、高质量的并可免费使用的共享数据库。UniProt 的网址为 http：//www. uniprot. org/。

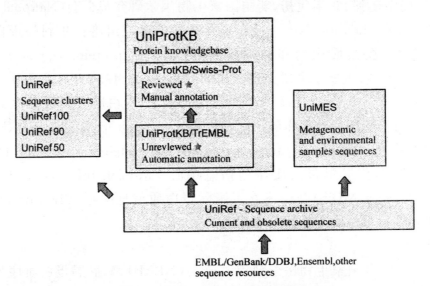

图 2-5　UniProt 由四个主要成分组成

目前，UniProt 由 4 个主要成分组成（图 2-5）：UniProt 知识库（UniProt Knowledgebase，UniProtKB）、UniProt 参考子集库（UniProt Reference Clusters，UniRef）、UniProt 文档库（UniProt Archive，UniParc）和 UniProt 宏基因组学与环境微生物序列数据库（Metagenomic and Environmental Sequence Database，UniMES），每一个都是为不同应用而优化的。UniProt 是一个向所有使用者免费开放的数据库，全球科研人员可登录其网站在线搜索或下载。

UniProtKB（UniProt 知识库）由 UniProtKB/Swiss-Prot 和 UniProtKB/TrEMBL 两部分组成。

①UniProtKB/Swiss-Prot 数据库主要收录人工注释的序列及其相关文献信

息和经过计算机辅助分析的序列。这些注释都是由专业的生物学家给出的,准确性无需置疑。在 UniProtKB/Swiss-Prot 中注释包括以下内容:功能、酶学特性、具有生物学意义的相关结构域及位点、翻译后修饰、亚细胞位置、组织特异性、发育特异性表达、结构和相关联的疾病、缺陷或畸形等。注释的另一个重要的部分包括加工同一蛋白质的不同记录,对不同的记录进行归纳合并。对蛋白序列进行仔细检查之后,管理人员选择参考序列,做相应的合并,而且会列出剪接变异体、基因变异体和疾病相关信息。不同序列间有任何差异也会注释出来。注释人员还会将蛋白质数据与其他核酸数据库、物种特异性数据库、结构域数据库、家族遗传史或疾病资料数据库进行交叉参考。

②UniProtKB/TrEMBL 是瑞士生物信息学院研究所的蛋白质序列数据库 Swiss-Prot 的增补本。TrEMBL 增加了一些 Swiss-Prot 数据库中没有的欧洲分子生物学实验室核苷酸序列。TrEMBL 数据库分两部分:SP-TrEMBL 和 REM-TrEMBL。SP-TrEMBL 中的条目最终将归并到 SwiSS-Prot 数据库中。而 REM-TrEMBL 则包括其他剩余序列,包括免疫球蛋白、T 细胞受体、少于 8 个氨基酸残基的小肽、合成序列、专利序列等。与 TrEMBL 类似,GenPept 是由 GenBank 翻译得到的蛋白质序列。由于 TrEMBL 和 GenPept 均是由核酸序列通过计算机程序翻译生成,这两个数据库中的序列错误率较大,均有较大的冗余度。网页提供了分析蛋白质序列和结构的工具和软件包,还提供了其他分子生物学的资源和主要服务器的链接。

③UniRef(UniProt 参考子集库)可以通过序列同一性对最相近的序列进行归并,以加快搜索速度。UniRef 现在已广泛应用于自动基因组注释、蛋白质家族分类、系统生物学、结构基因组学、系统发育分析、质谱分析等各个研究领域。UniRef 随 UniProtKB 的每一次发布而更新。UniRef 提供的聚类集包括了来自于 UniProtKB(包括剪接异构体作为独立条目)的所有序列以及从 UniParc 中选择的一些序列数据,目标是提供非冗余但覆盖了完整序列空间的蛋白质序列数据。依据不同的序列同一性判别指标,可将 UniRef 分为:UniRef100、UniRef90 和 UniRef50 3 个聚类数据库。UniRef100 数据库将相同的序列数据和子片段数据合并为 1 个数据库记录,UniRef90 数据库建立在 UniRef100 数据库的基础之上,而 UniRef50 数据库又是依 UniRef90 为基础。在 UniRef 数据库的每一个同一性指标中,每一条序列只会属于其中的一个聚类,这条序列在其他的同一性指标中也只会有一条父集(parent cluster)序列和子集(child cluster)序列。UniRef100、UniRef90 和 UniRef50 这 3 个数据库的数据量分别减少 10%、40% 和 70%。每一个聚类记录中包含了每个质序列成员的数据来源、蛋白质名称、分类学信息,但是

只会挑选一个蛋白质序列和名称作为代表,还包括该聚类的成员数量和最常见的分类编码。UniRef100 是目前最全面的非冗余蛋白质序列数据库。UniRef90 和 UniRef50 数据量有所减少是为了能更快地进行序列相似性搜索和降低相似性搜索的研究偏差。

④UniParc 是储存序列的数据库,也是最全面的、能反应所有蛋白质序列历史的数据库它储存了大量的蛋白质序列资源,它反应了所有蛋白质序列的历史。UniParc 收录了不同数据库来源的所有最新蛋白质序列和修订过的蛋白质序列保证了数据收录的全面性。为了避免出现冗余数据,UniParc 将所有完全一样的序列都合并成了 1 条记录,UniParc 还会收录每天最新的数据和修改过的数据,同时建立源数据资源的交叉引用以便链接回源数据资源中的序列。如果 UniParc 中的记录没有收录在 UniProtKB 中,可以排除是 UniProtKB 提供的原因(例如,假基因)。此外,除了给出每一条记录在来源数据库中的检索号之外还会给出这条记录在来源数据库中的状态。UniParc 中的记录都是没有注释的,因为蛋白质只有在指定的条件下才能够进行注释。例如,序列完全相同的蛋白质如果属于不同的物种、组织或不同的发育阶段,其功能都有可能完全不同。

⑤UniProt 宏基因组学与环境微生物序列数据库(UniMES)是为新兴的、不断发展壮大的宏基因组学研究领域服务的。目前,UniMES 包含来自全球海洋取样考察计划(GOS)的数据,GOS 以前将数据上传至 INSDC。GOS 包括大约 2500 万条 DNA 序列数据,预测了大约 600 万种蛋白质,这些序列主要来自于海洋微生物。UniMES 将这些预测的蛋白质和 InterPro 数据库自动分类、整理后的序列资源结合起来,成为目前唯一免费提供全球海洋取样考察计划获取的基因组信息数据库。UniMES 的数据可以 FASTA 格式从 FTP 服务器上免费获取。

2. 蛋白质组库

蛋白质组数据库(proteome database)是蛋白质组学的主要内容之一,目前主要集中在不同细胞或组织表达的全部蛋白质数据库的构建与细胞在不同状态下的蛋白质表达差异的研究上。蛋白质数据库具有以下一些特点:

①数据库种类具有多样性。

②数据库的复杂性增加,层次加深。许多数据库具有相关的内容和信息,数据库之间相互引用,如 PDB 就与文献库、酶学数据库、蛋白质二级数据库、蛋白质结构分类数据库、蛋白折叠库等十几种数据库直接交联。

③数据库的更新和增长快,数据库的更新周期越来越短,有些数据库每天更新。数据的规模也以指数级增长。

④数据库使用的高度计算机化和网络化是蛋白质组信息学的又一重要特点。越来越多的蛋白质组信息学数据库与因特网连接，从而为分子生物学家利用这些信息资源提供了前所未有的机遇。特别是绝大多数网上蛋白质组信息学数据库信息资源可免费检索或下载使用，这对我国开展蛋白质组信息学研究提供了捷径，特别是在当前我国生物信息学自建数据库不丰富和引进数据库又比较少的情况下，探讨和研究如何充分开发和利用网络上免费的生物信息学数据库信息资源显得尤为重要。

2.4　结构数据库

2.4.1　PDB

蛋白质数据库（PDB）是国际上唯一的生物大分子结构数据档案库，由美国Brookhaven 国家实验室建立。PDB 收集的数据来源于 X 射线衍射和核磁共振（NMR），经过整理和确认后存档而成。目前 PDB 数据库的维护由结构生物信息学研究合作组织、（RCSB）负责。RCSB 的主服务器和世界各地的镜像服务器提供数据库的检索和下载服务，以及关于 PDB 数据文件格式和其他文档的说明，PDB数据还可以从发行的光盘获得。使用 Rasmol 等软件可以在计算机上按 PDB 文件显示生物大分子的三维结构。随着晶体衍射技术的不断改进和多维核磁共振溶液构象测定方法的成熟，蛋白质分子结构数据库的数据量迅速上升。PDB 数据的处理过程，我们从图 2-6 给出，图中椭圆形表示处理动作，矩形定义内容。

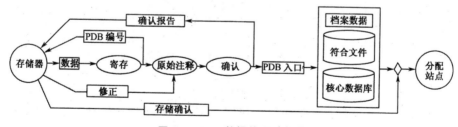

图 2-6　PDB 数据处理过程图

2.4.2　PROSITE

PROSITE 数据库收集了对生物学有显著意义的蛋白质位点和序列模式，并能根据这些位点和模式快速和可靠地鉴别一个未知功能的蛋白质序列应该属于哪一个蛋白质家族。PROSITE 中涉及的序列模式包括酶的催化位点、配体结合位点、与金属离子结合的残基、二硫键的半胱氨酸、与小分子或其他蛋白质结合的区域等;除了序列模式之外,PROSITE还包括由多序列比对构建的序列谱,能更敏感地发现序列与序列谱的相似性。有的情况下,某个蛋白质与已知功能蛋白质的整体序列相似性很低,但由于功能的需要保留了与功能密切相关的序列模式,这样就可能通过PROSITE的搜索找到隐含的功能模体,因此是序列分析的有效工具。PROSITE的主页上提供各种相关检索服务。

PROSITE的网址是 http://www.expasy.ch/prosite/

2.4.3 MMDB

MMDB(Molecular Modeling Database)是NCBI Entrez检索工具所使用的三维结构数据库,其中包括了由晶体衍射和核磁共振得到的所有PDB生物分子三维结构,它以ASN.1格式反映PDB库中的结构和序列,并且链接到MEDLINE。MMDB提供了BLAST检索(在后介绍)、一结构一序列匹配、文件格式转换、编程界面等服务,也可以根据PDB和MMDB的ID编码利用Entrez检索工具进行自由文本查询。

MMDB作为结构数据库,与其他数据库及应用工具都有联系,从图2-7可以看出其中联系所在。

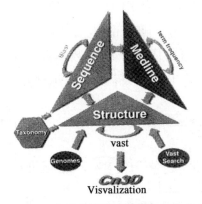

图 2-7　MMDB 和其他数据库及其应用程序的联系

2.4.4 SCOP

蛋白质结构分类(SCOP)数据库详细描述了已知的蛋白质结构之间的关系。分类基于若干层次:家族,描述相近的进化关系;超家族,描述远源的进化关系;折叠子(fold),描述空间几何结构的关系;折叠类,所有折叠子被归于全α、全β、α/β、α+β和多结构域等几个大类。SCOP还提供一个非冗余的ASTRAIL序列库,这个库通常被用来评估各种序列比对算法。此外,SCOP 还提供一个 PDB-ISL 中介序列库,通过与这个库中序列的两两比对,可以找到与未知结构序列远缘的已知结构序列。[①]

SCOP 的网址是 http://scop. mrc-lmb. cam. ac. uk/scop/

2.4.5　SWISS-MODEL

SWISS-MODEL 数据库是一个蛋白质 3D 结构模型数据库,库中收录的蛋白质结构都是使用 Swiss-Modei 同源建模方法得来的。Swiss-Modei 数据库中的记录都是对 Swiss-Prot 数据库和其他相关模式生物数据库中的序列进行自动同源建模产生的,数据库保持定期更新以确保其全面性。建立 Swiss-Modei 数据库的主要目的就是为了给全世界的科研工作者收集提供最新的带注释的 3D 蛋白质模型。

至 2012 年 3 月,Swiss-Modei 数据库共收录数据 3210438 万条,覆盖了 Uni-Prot 数据库中 2295471 万个不同的蛋白质序列。Swiss-Modei 数据库允许用户对数据库中的模型质量进行评价,允许用户寻找供选择的模板结构,用户还可以交互式的通过 Swiss-Modei 工作平台构建模型。最后对结构模型的注释信息即包括功能信息可通过与其他数据库进行交叉链接,通过这些链接,用户就可以在蛋白质序列数据库和结构数据库之间自由切换。

SWISS-MODEL 的网址是 http:// swissmodel. expasy. orrepository/

2.4.6　数据库结构显示程序

显示分子结构的程序是结构生物学软件包的重要模块,通过软件工程师的努力,现在有可以动态显示甚至做动画模拟的程序。

1. RasMol

RasMol 程序是一个显示 DNA 和蛋白质分子三维结构的免费程序,它代表了软件驱动三维图像显示的重大进展,被最广泛使用。要最能有效的使用 RasMol,必须掌握它的命令语言,这种语言在传统三维结构程序软件中被普遍使用。这种程序可以用骨架图、条带图、空间填充图等各种方式来显示,并且可以在显示时随时转动分子。用户可以访问由 Eric Martz 维护的 RasMol 主页中获得它的图像显示、指南等信息,它有适用于各种平台的版本。

---

①　陶士珩·生物信息学·北京:科学出版社,2007

2. Cn3D

Cn3D 是 MMDB 一个配套的三维结构显示程序,它具有可靠的显示三维数据库结构的能力。可在 NCBI 的网址直接使用或下载到用户的计算机上执行,有适合 PC 系统和 UNIX 工作站的版本。

图像以动画形式显示,用户可以旋转或缩放结构,也可以用条带图、空间结构图、热能分布图等方式来显示,掌握分子结构的不同功能(图 2-8,图 2-9)。

图 2-8　Cn3D 示例一

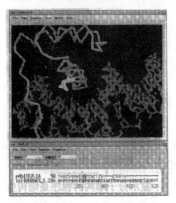

图 2-9　Cn3D 示例二

2.5　其他数据库

2.5.1　功能数据库

1. ASDB

可变剪接数据库(ASDB)包括蛋白质库和核酸库两部分。ASDB 的蛋白质库部分来源于 SWISS-PROT 蛋白质序列库,通过选取有可变剪接注释的序列,搜索相关可变剪接的序列,经过序列比对、筛选和分类构建而成。ASDB 的核酸库部分由 GenBank 中提及和注释的可变剪接的完整基因构成。数据库提供了方便的搜索服务。

SDB 的网址是 http://cbcg.nersc.gov/asdb/

2. DIP

相互作用的蛋白质数据库(DIP)收集了由实验验证的蛋白质—蛋白质相互作用。数据库包括蛋白质的信息、相互作用的信息和检测相互作用的实验技术三个部分。用户可以根据生物物种、关键词、蛋白质、蛋白质超家族、实验技术或引用文献来查询 DIP 数据库。

DIP 的网址是 http://dip.doe-mbi.ucla.edu/

3. TRANSFAC

TRANSFAC 数据库是关于转录因子及它们在基因组上的结合位点和与 DNA 结合的 profiles 的数据库,由 SITE、FACTOR、CLASS、GENE、MATRIX、CELLS、METHOD 和 REFERENCE 等数据表构成。此外,还有几个与 TRANS-FAC 密切相关的扩展库(S/MARTDB 收集了与染色体结构变化相关的蛋白质因子和位点的信息;PATHODB 库收集了可能导致病态突变的转录因子和结合位点;CYTOMER 库表现了人类转录因子在细胞类型、各个器官、生理系统和发育时期的表达状况;TRANSPATH 库用于描述与转录因子调控相关的信号传递的网络。TRANSFAC 及其相关数据库可以免费下载,也可以通过 Web 进行检索和查询)。

TRANSFAC 的网址是:http://transfac.gbf.de/TRANSFAC/

4. TRRD

转录调控区数据库(TRRD)是在不断积累的真核生物基因调控区结构、功能特性信息基础上构建的。每一个 TRRD 的条目里包含特定基因各种结构、功能特性:转录因子结合位点、启动子、增强子、静默子及基因表达调控模式等。TRRD 包括五个相关的数据表:TRRDGENES(包含所有 TRRD 库基因的基本信息和调控单元信息);TRRDSITES(包括调控因子结合位点的具体信息)TRRDFAC-TORS(包括 TRRD 中与各个位点结合的调控因子的具体信息);TRRDEXP(包括对基因表达模式的具体描述);TRRDBIB(包括所有注释涉及的参考文献)。TRRD 主页提供了对这几个数据表的检索服务。

TRRD 的网址是 http://wwwmgs.bionet.nsc.ru/mgs/dbases/trrd4/

2.5.2　常见的蛋白质二级数据库

1. COGs

蛋白质直系同源簇(COGs)数据库是对细菌、藻类和真核生物的 21 个完整基因组的编码蛋白,根据系统进化关系分类构建而成。COG 库对于预测单个蛋白质的功能和整个新基因组中蛋白质的功能都很有用。利用 COGNITOR 程序,可以把某个蛋白质与所有 COGs 中的蛋白质进行比对,并把它归入适当的 COG 簇。COG 库提供了基于 Web 的 COGNITOR 服务、对 COG 分类数据的检索和查询、系统进化模式的查询服务等。

COG 数据库的网址是 http://www.ncbi.nlm.nih.gov/COG/。

2. FSSP

蛋白质结构二次(families of structurally similiar proteins,FSSP)数据库是具有相似结构蛋白质家族的数据库,它把 PDB 中的蛋白质通过序列和结构比对进行分类,通过三维结构对比,得到用一维同源序列比对无法获得的结构相似性,库中列出了相似 PDB 结构的三维结构比对参数,并给出了序列同源性、二级结构、变化矩阵等结构叠合信息。

FSSP 数据库的网址是 http://ekhidna.biocenter.helsinki.fi/dali

3. DSSP

蛋白质二级结构构象参数(definition of secondary structure of proteins,DSSP)数据库。DSSP 数据库根据 PDB 中的原子坐标,计算每个氨基酸残基的二级结构构象参数,包括氢键主链和侧链二面角、二级结构类型等。

DSSP 数据库的网址是 http://swift.cmbi.kun.nl/gv/dssp/

4. HSSP

同源蛋白(homology derived secondary structure of proteins,HSSP)数据库。将已知结构的 PDB 的蛋白质与 Swiss-Prot 进行序列比对的数据库,对于未知结构蛋白的同源比较很有帮助。该数据库不但包括已知三维结构的同源蛋白家族,而且包括未知结构的蛋白质分子,并将它们按同源家族分类。

HSSP 数据库的网址是 http:// swift.cmbi.kun.nl/swift/hssp/。

2.5.3　基因表达数据库

1. 数据库的用途

①基础研究。将来自各种生物的表达数据与其他各种分子生物学数据资源，如经注释的基因组序列、启动子、代谢途径数据库等结合，有助于理解基因调控网络、细胞分化、组织发育和代谢途径。例如，比较未知基因与已知基因表达谱的相似性能帮助推测未知基因的功能。

②医学及药学研究。例如，如果特定的一些基因的高表达与某种肿瘤密切相关，可以研究对这些或其他有相似表达谱的基因的表达的影响条件，或研究能降低表达水平的化合物（潜在药物）。

③毒理学研究。例如，了解大鼠某种基因对特定毒剂的反应可帮助预测人的同源性基因的反应情况。

④诊断研究。通过对数据库数据进行基因表达谱的相似性比较对疾病早期诊断具有临床价值。

⑤实验质量控制和研究参考。例如，通过比较实验室样本与数据库中标准对照样本，能找出方法和设备问题。此外，数据库能提供其他研究者的研究现状，避免重复实验，节约经费。

2. 数据库建设的特点和难点

建立标准注释的公共数据库主要困难来自对实验条件细节的描述、不精确的表达水平相对定量方法以及不断增长的庞大数据量。

目前所有的基因表达水平的定量都是相对的：哪些基因差异表达仅仅是与另外一个实验比较而言，或者是与相同实验的另一个基因相比较而言的。这种方法不能确定 mRNA 的拷贝数，转录水平是总的细胞群的平均水平。结果导致采用不同技术进行基因表达的检测，甚至不同实验室采用相同技术，都有可能不能进行比较。对来源不同的数据进行的比较有必要采取两个步骤：首先，原始数据应避免任何改动，比如采取数据标准化（data-normalization）的方法；其次，在实验中设计使用标准化的对照探针和样本，以便给出参考点，至少使来自同一实验平台的数据标准化。①

另一难点是对实验条件的描述，解决方法是对实验方法采用规范化词汇的文件描述：如物种、组织或细胞系、基因名称、发育阶段。还要考虑偶然的不受控制

---

① 　叶子弘·生物信息学·杭州：浙江大学出版社，2011

的实验因素也可能影响表达。目前建立一种结构能对将来实验设计的所有细节进行描述显然是不可能的。比较现实的解决办法是大部分采用自由文本描述实验,同时尽可能加上有实用价值的结构。但目前,就应采取尽可能合理的标准用于 DNA 芯片数据及其注释,还未实现实验的标准注释。

【例1】 以大鼠(rattus norvegicus)的结缔组织生长因子(CTGF)为例,利用 Map Viewer 查找基因序列、mRNA 序列、启动子(Promoter)。

操作步骤:

[1]打开网站 http://www.ncbi.nlm.nih.gov,找到 Map Viewer 工具(图 2-10)。

图 2-10　ncbi 数据库主页

[2]在 search 的下拉菜单里选择物种 rattus norvegicus,for 后面填写你的目的基因(CTGF)(图 2-11)。

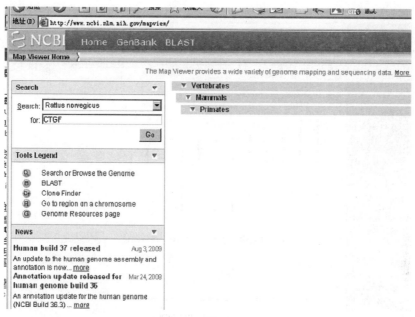

图 2-11　基因定位

[3]右下角有一个 Quick Filter,下面是让你选择的几个复选框,在 Gene 前面的小方框里打勾,然后点击 Filter,出现图 2-12。

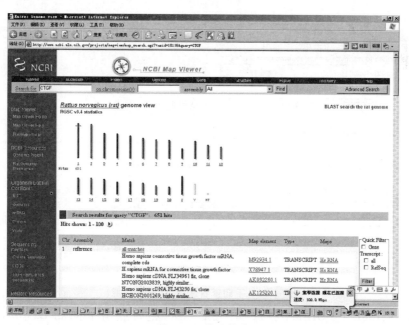

图 2-12　快速筛选

[4]点击上述三条序列第一条序列(即 reference)对应的"Genes seq"出现新的页面,页面下方为(图 2-13)。

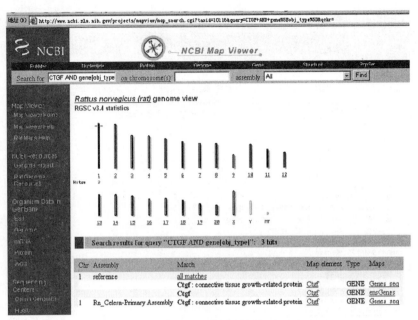

图 2-13　检索实例

[5]点击上图出现的"Download/View Sequence/Evidence"，即下载查看序列等功能，结果如图 2-14 所示。

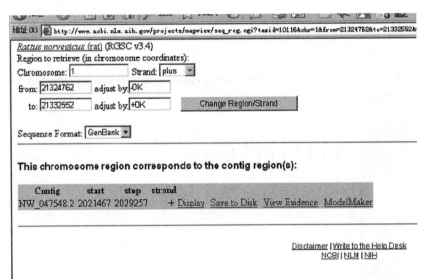

图 2-14　下载查看序列、标准等功能

[6]在 Sequence Format 后选择 GenBank，然后点击下面的 Display，目的基因的相信息和序列就出现在眼前了。点击后如图 2-15 所示。

Rattus norvegicus strain BN/SsNHsdMCW chromosome 1 genomic scaffold, RGSC_v3.4

NCBI Reference Sequence: NW_047548.2

FASTA   Graphics

Go to: ⊙

```
LOCUS       NW_047548              7791 bp    DNA     linear   CON 28-JUL-2010
DEFINITION  Rattus norvegicus strain BN/SsNHsdMCW chromosome 1 genomic
            scaffold, RGSC_v3.4.
ACCESSION   NW_047548 REGION: 2021467..2029257
VERSION     NW_047548.2  GI:62638377
DBLINK      Project: 12455
KEYWORDS    .
SOURCE      Rattus norvegicus (Norway rat)
  ORGANISM  Rattus norvegicus
            Eukaryota; Metazoa; Chordata; Craniata; Vertebrata; Euteleostomi;
            Mammalia; Eutheria; Euarchontoglires; Glires; Rodentia;
            Sciurognathi; Muroidea; Muridae; Murinae; Rattus.
REFERENCE   1  (bases 1 to 7791)
  AUTHORS   Gibbs,R.A., Weinstock,G.M., Metzker,M.L., Muzny,D.M.,
            Sodergren,E.J., Scherer,S., Scott,G., Steffen,D., Worley,K.C.,
            Burch,P.E., Okwuonu,G., Hines,S., Lewis,L., DeRamo,C., Delgado,O.,
            Dugan-Rocha,S., Miner,G., Morgan,M., Hawes,A., Gill,R., Celera,
            Holt,R.A., Adams,M.D., Amanatides,P.G., Baden-Tillson,H.,
            Barnstead,M., Chin,S., Evans,C.A., Ferriera,S., Fosler,C.,
            Glodek,A., Gu,Z., Jennings,D., Kraft,C.L., Nguyen,T.,
            Pfannkoch,C.M., Sitter,C., Sutton,G.G., Venter,J.C., Woodage,T.,
            Smith,D., Lee,H.M., Gustafson,E., Cahill,P., Kana,A.,
            Doucette-Stamm,L., Weinstock,K., Fechtel,K., Weiss,R.B., Dunn,D.M.,
            Green,E.D., Blakesley,R.W., Bouffard,G.G., De Jong,P.J.,
            Osoegawa,K., Zhu,B., Marra,M., Schein,J., Bosdet,I., Fjell,C.,
            Jones,S., Krzywinski,M., Mathewson,C., Siddiqui,A., Wye,N.,
            McPherson,J., Zhao,S., Fraser,C.M., Shetty,J., Shatsman,S.,
            Geer,K., Chen,Y., Abramzon,S., Nierman,W.C., Havlak,P.H., Chen,R.,
            Durbin,K.J., Egan,A., Ren,Y., Song,X.Z., Li,B., Liu,Y., Qin,X.,
            Cawley,S., Worley,K.C., Cooney,A.J., D'Souza,L.M., Martin,K.,
            Wu,J.Q., Gonzalez-Garay,M.L., Jackson,A.R., Kalafus,K.J.,

  CONSRTM   Rat Genome Sequencing Project Consortium
  TITLE     Genome sequence of the Brown Norway rat yields insights into
            mammalian evolution
  JOURNAL   Nature 428 (6982), 493-521 (2004)
   PUBMED   15057822
COMMENT     GENOME ANNOTATION REFSEQ: Features on this sequence have been
            produced for build 4 version 2 of the NCBI's genome annotation [see
            documentation].
            On Apr 15, 2005 this sequence version replaced gi:34852952.
            Assembly Name: RGSC_v3.4
            The genomic sequence for this RefSeq record is from the whole
            genome assembly released by the Baylor College of Medicine Human
            Genome Sequencing Center (BCM-HGSC) as part of the Rat Genome
            Sequencing Consortium (RGSC) as Rnor3.4 in November 2004
            (http://www.hgsc.bcm.tmc.edu/project-species-m-
            Rat.hgsc?pageLocation=Rat). The original whole genome shotgun
            project has the accession AABR00000000.3.
FEATURES             Location/Qualifiers
     source          1..7791
                     /organism="Rattus norvegicus"
                     /mol_type="genomic DNA"
                     /strain="BN/SsNHsdMCW"
                     /db_xref="taxon:10116"
                     /chromosome="1"
     gene            complement(2338..5454)
                     /gene="Ctgf"
                     /note="Derived by automated computational analysis using
                     gene prediction method: BestRefseq."
                     /db_xref="GeneID:64032"
                     /db_xref="RGD:621392"
     mRNA            complement(join(2338..3702,4082..4293,4424..4675,
                     4861..5083,5171..5454))
                     /gene="Ctgf"
                     /product="connective tissue growth factor"
                     /note="Derived by automated computational analysis using
                     gene prediction method: BestRefseq."
                     /transcript_id="NM_022266.2"
                     /db_xref="GI:78214357"
```

```
mRNA        /db_xref="RGD:621392"
            complement|join(2338..3702,4082..4293,4424..4675,
            4861..5083,5171..5454)
            /gene="Ctgf"
            /product="connective tissue growth factor"
            /note="Derived by automated computational analysis using
            gene prediction method: BestRefseq."
            /transcript_id="NM_022266.2"
            /db_xref="GI:78214357"
            /db_xref="GeneID:64032"
            /db_xref="RGD:621393"
STS         2414..2504
            /standard_name="AI555745"
            /db_xref="UniSTS:244043"
STS         2516..2705
            /standard_name="RH134556"
            /db_xref="UniSTS:217836"
CDS         complement|join(3406..3702,4082..4293,4424..4675,
            4861..5083,5171..5230))
            /gene="Ctgf"
            /note="Derived by automated computational analysis using
            gene prediction method: BestRefseq."
            /codon_start=1
            /product="connective tissue growth factor precursor"
            /protein_id="NP_071602.1"
            /db_xref="GI:11560085"
            /db_xref="GeneID:64032"
            /db_xref="RGD:621392"
ORIGIN
        1 caccatctct gggcagtagg cctgggctgt gtaggaaaga tagatggaca aacccaggaa
       61 cgcaagtaaa gttgattatc aaatatcagc accacaagtc catcgtttgt caacttgatt
      121 cctgtacctc agcttccctt catggtaggg ccatattctg taagctgaaa taaactttgt
      181 ctactcaact tgctcgtggt caacatttca ttagaacaac agccaggaaa gtggaacagc
      241 ggacctctgg gtatgtttga gagaggtttt ctgacattgg ttaaacgaga tgagactatc
      301 caggcgggtt gtgagcagta ccattgcatg ggacaggcat gatgtttcc cagaagaac
```

图 2-15   检索结果呈现

2.5.4   基因代谢数据库

京都基因和基因组百科全书(KEGG)是系统分析基因功能、联系基因组信息和功能信息的知识库。基因组信息存储在 GENES 数据库里,包括完整和部分测序的基因组序列;更高级的功能信息存储在 PATHWAY 数据库里,包括图解的细胞生化过程,如代谢、膜转运、细胞周期、信号传递,还包括同系保守的子通路等信息;KEGG 的另一个数据库是 LIGAND,包含关于酶分子、酶反应、化学物质等的信息。KEGG 提供了 Java 的图形工具来访问基因组图谱,比较基因组图谱和操作表达图谱,以及其他序列比较、图形比较和通路计算的工具,可以免费获取。

KEGG 的网址是 http://www.genome.ad.jp/kegg/。

KEGG 现在由六个各自独立的数据库组成,分别是通路数据库(PATHWAY batabase)、基因数据库(GENES batabase)、基因表达数据库(EXPRESSION batabase)、配体化学反应数据库(LIGAND batabase)、序列相似性数据库(SSDB batabase)、蛋白分子相互关系数据库(BRITE batabase)等。

　　通路数据库储存了基因功能的相关信息,通过图形来表示细胞内的生物学过程(如代谢、膜运输、信号传导和细胞的生长周期)。在通路数据库中,有一部分由 ortholog group 图表组成的保守的亚通路(通路基序)信息。亚通路是由染色体位置偶联的基因编码的,它对预测基因的功能有很大的作用。

　　基因数据库含有所有已知的、完整的基因组和不完整的基因组,有细菌、蓝藻、真核生物等生物体(如人、小鼠、果蝇、Arabidop sis 等等)的基因序列。该数据库含有关于每个基因最低限度的信息,并且在不断地更新和改进,同时还可作为通往其他相关信息的路径。

　　配体数据库包括了细胞内的化学复合物、酶分子和酶反应的信息等。

习题

1. 简述生物数据库的特点。
2. 简述基因数据库的类型及应用。
3. 常见的蛋白质的二级数据库有哪些? 并简述各自特点。

第3章　数据库查询和检索

随着大量生物学实验数据的积累,众多的生物数据库也相继出现。我们在上一章介绍了常用核酸序列、蛋白质序列等生物大分子数据库。这些数据库大都存放在国际上一些著名的生物信息中心,这样大多数据库在内容方面得到了整合,在数据格式上得到了统一,为全世界的科研工作者提供快速、高效的数据库资源服务。

生物学数据库的应用可分为两个主要方面,即数据库查询(database query)和数据库搜索(database search)。数据库查询是对序列、结构以及各种二次数据库中的注释信息进行关键词匹配查找。例如,对蛋白质序列数据库 SwissProt 输入关键词 insulin(胰岛素),即可找出该数据库所有胰岛素或与胰岛素有关的序列条目(Entry)。数据库搜索是通过特定的序列相似性比对算法,找出核酸或蛋白质序列数据库中与检测序列具有一定程度相似性的序列。例如,给定一个胰岛素序列,通过数据库搜索,可以在蛋白质序列数据库 SwissProt 中找出与该检测序列具有一定相似性的序列。显然,数据查询和数据库搜索是两个不同的概念,它们所需要解决的问题、所采用的方法和得到的结构均不相同。

如何从数据库海量的生物学数据中寻找有价值的信息成为数据库查询的重要问题。因此,本章以规模较大的生物信息中心 NCBI 开发的 Entrez 系统和 EBI 开发的 SRS 系统为例,介绍数据库查询的基本方法。在对数据库搜索的基本概念作简单说明的基础上,重点介绍目前最为流行的数据库搜索工具 BLAST。

3.1　数据库查询

本节以 SRS 和 Entrez 为例,介绍数据库查询的基本方法;并列举一些常用的实例。

3.1.1　数据库查询系统 Entrez

Entrez 由美国 NCBI 开发,用于对文献摘要、序列、结构和基因组等数据库进行关键词查询,找出相关的一个或几个数据库条目。该系统目前主要包括核酸序列数据库、蛋白质序列数据库、基因组数据库、蛋白质结构数据库、生物医学文献摘要数据库、系统分类数据库、人类遗传疾病和遗传缺失在线数据库,以及基因信息数据库、种群亲缘关系核酸序列比对数据库、表达序列标签数据库等(表 3-1)。

表 3-1　Entrez 数据库查询系统提供的数据库

数据库	数据库内容
PubMed	生物医学文献 MedLine 摘要
GenBank	核酸序列
Proteins	SWISS-PROT、PIR 以及 GenBank 翻译得到的蛋白质序列
Structures	PDB 三维结构数据库
Gemomes	已经完成或正在进行的模式基因组信息
OMIM	人类遗传病和遗传缺失数据库
Taxonomy	系统分类信息
LousLink	基因关联信息
PopSet	具有亲缘关系的种群之间核酸序列同源性对比结果

1. Entrez 的使用方法

进入 NCBI 主页(http://www. ncbi. nlm. nih. gov/),即可看到位于页面上部的数据库检索栏,其缺省检索选项为"所有数据库",选择核酸序列数据库 GenBank(图 3-1)。可以在检索栏中直接输入需要查询的内容。例如,需要检索蜘蛛毒素的核苷酸序列,在检索栏中输入"spider toxin",点击起始按钮"Search",则可得到核酸序列数据库 GenBank 中和蜘蛛毒素相关的序列条目,一共 308 条(图 3-2)。

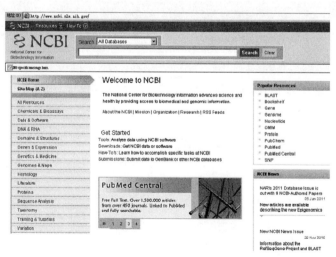

图 3-1　NCBI 主页 Entrez 数据库查询系统

图 3-2 通过 Entrez 系统检索蜘蛛毒素 spider toxin 序列结果（图中只给出部分）

需要指出的是，GenBank 和 EMBL 等核酸序列数据库中的大部分数据，是由生物学家通过计算机网络直接提交，或通过计算机程序直接从大规模序列测定所得结果送入数据库中，没有严格的标准。在数据库查询时，经常会遇到"想找的找不到，找到的却不是"这样的问题。例如，查找我国特有蜘蛛"虎纹捕鸟蛛"的毒素，用"spider toxin"作为关键词检索不到。这是作者在提交该序列时，使用了"Huwentoxin"，而没有使用"spider toxin"（图 3-3）。因此，必须输入"Huwentoxin"，才能找到该序列条目（图 3-4）。

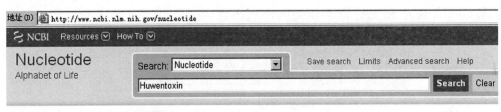

图 3-3 Entrez 数据库查询主页

GenBank: AF157504.1

FASTA　Graphics

Go to: ⊻

```
LOCUS       AF157504                  96 bp     mRNA     linear   INV 18-JAN-2000
DEFINITION  Selenocosmia huwena huwentoxin-I (HWTX-I) mRNA, partial cds.
ACCESSION   AF157504
VERSION     AF157504.1  GI:6708031
KEYWORDS    .
SOURCE      Ornithoctonus huwena (Chinese earth tiger)
  ORGANISM  Ornithoctonus huwena
            Eukaryota; Metazoa; Arthropoda; Chelicerata; Arachnida; Araneae;
            Mygalomorphae; Theraphosidae; Ornithoctonus.
REFERENCE   1  (bases 1 to 96)
  AUTHORS   Li,M., Zhou,Z. and Liang,S.
  TITLE     Huwentoxin-I (HWTX-I) peptide cDNA sequence
  JOURNAL   Unpublished
REFERENCE   2  (bases 1 to 96)
  AUTHORS   Li,M., Zhou,Z. and Liang,S.
  TITLE     Direct Submission
  JOURNAL   Submitted (08-JUN-1999) College of Life Sciences, Hunan Normal
            University, Changsha, Hunan 410081, P.R. China
FEATURES             Location/Qualifiers
     source          1..96
                     /organism="Ornithoctonus huwena"
                     /mol_type="mRNA"
                     /strain="Huwen"
                     /db_xref="taxon:29017"
     gene            <1..>96
                     /gene="HWTX-I"
     CDS             <1..>96
                     /gene="HWTX-I"
                     /note="neurotoxin peptide"
                     /codon_start=1
                     /product="huwentoxin-I"
                     /protein_id="AAF25774.1"
                     /db_xref="GI:6708032"
                     /translation="ACKGVFDACTPGKNECCPNRVCSDKHKWCKWK"
ORIGIN
        1 gcatgcaaag gggtcttcga tgcatgcaca cctggaaaga atgagtgctg tccaaaccgt
       61 gtttgtagtg ataaacacaa gtggtgcaaa tggaag
//
```

图 3-4　GenBank 核酸序列中"虎纹捕鸟蛛"的毒素的序列条目

2. 如何通过自学掌握 Entrez 的使用技巧

尽管 Entrez 系统使用方便,初次使用时最好通过联机帮助文件,按其提供的向导实例练习一遍,可以掌握其技巧,提高效率。

通过向导练习,可以熟悉 Entrez 系统的各种辅助功能,包括限定查询范围(Limits)、预览查询结果(Preview/Index)、查看查询记载(History)和操作剪贴板(Clipboard),提高查询效率。点击 Limits 按钮,即可进入限定查询范围页面,可以根据该数据库结构,将输入的关键词的查询范围限制在某个范围内,如编号、代码、提交日期等。而不同的数据库,其限定范围不同,如序列数据库可以限定序列长度,文献数据库则可以限定作者、题目、杂志名称等。点击预览查询按钮(Preview/Index),检索栏中会增加一个"Preview"按钮,输入关键词后,若点击"Preview"按钮,则不列出具体查询结果,而只列出查询到的数据条目数。利用这一辅助功能,可以提高查询速度,并对查询结果有个初步了解,以便对查询结果作进一步处理,缩小查询范围。点击"History"按钮则可以查看查询过程的记录,对每次查询结果进行分析,并作进一步处理。[①]

【例1】 用 Entrez 检索与细胞凋亡有关的自噬基因**"autophagy"**的核酸序列。

操作步骤:

[1] 进入 NCBI 主页,进入 Entrez 查询系统,点击"Nucleotide"按钮选择核酸序列数据库,查询"**autophagy**"。

[2]点击"Limits"按钮,在检索栏中填入"autophagy"并在"Limits"选择栏中选择"Title";点击"Preview/Index"按钮进入 Preview 页面,点击检索栏内的"Preview"按钮,得到核酸序列数据库的文献题目中与 Autophagy 有关的序列条目数以及该次查询结果的编号。

[3]点击"Limits"按钮,在检索栏中填入"human"并在"Limited to"选择栏中选择"Organism";点击"Preview/Index"按钮进入 Preview 页面,点击检索栏内的"Preview"按钮,得到核酸序列数据库中所有人类的序列条目数以及该次查询结果的编号。

[4]在检索栏中填入上述两次查询结果的编号,并用"AND"作限定词,如上述编号为♯1 和♯2,则可在检索栏中输入"♯1 AND♯2",点击"Go"按钮即可得到查询结果(图 3-5)

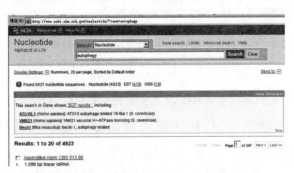

图 3-5 利用 Entrez 检索人类自噬基因序列结果

---

① 赵国屏·生物信息学·北京:科学出版社,2002

3. Entrez 系统的特点

Entrez 系统是面向生物学家的数据库查询系统,具有以下显著特点。

①使用十分方便。它把序列、结构、文献、基因组、系统分类等不同类型的数据库有机地结合在一起,通过超文本链接,用户可以从一个数据库直接转入另一个数据库。

②数据库和应用程序结合在一起。例如,通过"Related sequence"工具,可以直接找到与查询所得蛋白质序列同源的其他蛋白质。查询得到的蛋白质三维结构,可以通过在用户计算机上安装的 Cn3D 软件直接显示分子图形。

③Entrez 系统的开发基于特殊的数据模型 NCBI ANS.1,在对于文献摘要中的关键词查询时,不仅考虑了查询对象和数据库中单词的实际匹配,而且考虑了意义相近的匹配。在查询文献数据库摘要得到结果后,可以通过点击"Related Articles"继续查找相关文献。

3.1.2 数据库查询系统 SRS

SRS 是 Sequence Retrieval System 的缩写,由欧洲分子生物学实验室开发,是欧洲各国主要生物信息中心必备的数据库查询系统。目前,SRS 已经发展成商业软件,由英国剑桥的 LION Bioscience 公司继续开发,学术单位在签定协议后可以免费获得该软件的使用权,而非学术单位则需要购买使用权

SRS 是一个开放的数据库查询系统,即不同的 SRS 查询系统可以根据需要安装不同的数据库,目前共有 300 多个数据库安装在世界各地的 SRS 服务器上。表3-2 为国际上主要 SRS 数据库查询系统服务器系统的网址,可供用户参考。

表 3-2 国际上主要 SRS 数据库查询系统服务器系统

单位	网址
欧洲生物信息研究所	http://srs6.ebi.ac.uk/srs6/
英国基因组资源中心	http://iron.hgmp.mrc.ac.uk/srs6/
英国基因组测序中心	http://www.sanger.ac.uk/srs6/
法国生物信息中心	http://www.infobiogen.fr/srs6/
荷兰生物信息中心	http://www.cmbi.kun.nl/srs6/
澳大利亚医学研究所	http://srs.wehi.edu.au/srs6/
德国癌症研究所	http://genius.embnet.dkfz-heidelberg.de/menu/srs/
加拿大生物信息资源中心	http://www.cbr.nrc.ca/srs6.1/

1. SRS 系统使用方法

以欧洲生物信息研究所信息中心 SRS 数据库查寻系统为例，讲述 SRS 系统的使用方法。

打开网页 http://srs6.ebi.ac.uk/srs6/访问欧洲生物信息研究所信息中心 SRS 数据库查寻系统，进入 SRS 数据库查询系统。可以用以下三种方法进行查询。

①快速查询。在页面快速检索栏"library Page"中选择蛋白质序列数据库"UniProt Universal Protein Resource"中的 UniProtKB/Swiss-Prot，然后再 Quick Searches 填入关键词，如输入钙离子通道"calcium channel"，即可得到查询结果。得到该数据库中与钙离子通道有关的蛋白质序列的条目及其它信息。

②标准查询。快速查询方式简单方便，但不便于由用户限定查询条件。例如，上述查询结果中包含了部分钾离子通道序列条目，也包括了钙离子通道序列片段条目，因为在这些条目中，也出现了"calcium channel"关键词。选择标准查询方式，则可以由用户给出适当的查询条件，以缩小查询范围，点击"library Page"，所显示页面选择数据库 UniProtKB/Swiss-Prot，然后点击左侧"Standard Query Form"（图 3-6）。

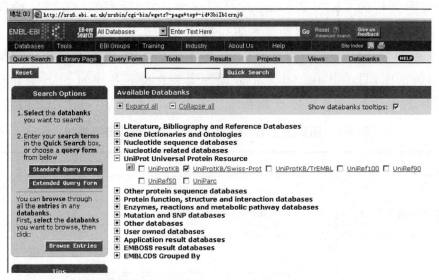

图 3-6　蛋白质序列数据库 SWISS-PROT 界面

将页面左侧查询结合方式选择栏"combine searchwith"下的 AND 改为 BUT-NOT，再在查询表单中分别填入"calcium channel"、"potassium channel"和"fragment"，则可将钾离子通道和钙离子通道蛋白的序列片段滤除。同时，在序列条目显示方式栏"Result Display Options"中选择"protein chart"，点击页面左上方的

"Search"按钮,则得到以 Java 图形表示的蛋白质序列疏水特性图。改变用于计算平均疏水值的残基数,可以得到不同的波形图(图 3-7)。

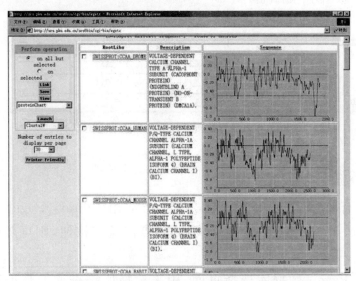

图 3-7　蛋白质序列 SWISS-PROT 疏水性图

③扩展查询。标准查询方式的功能比快速查询有所增加,但并没有体现 SRS 的全部查询功能。而利用扩展查询方式,则可充分利用 SRS 系统强大的查询功能。例如,可以将输入关键词的查询范围限定在物种、说明、作者、文献等范围内,也可以限定日期和序列长度等。

对 EMBL 数据库,还可以选择人、植物、EST 等不同的子库进行检索(图 3-8)。例如,选择植物"Pln",在物种"Organism"栏填入水稻的物种名"Oryza sativa",在序列长度"≥"栏中填入 400,并把"Display per page"的缺省值由 30 改为 10000,点击"Submit Query",则可得到 EMBL 数据库中长度大于 400bp 的所有水稻序列条目,并在屏幕上全部列出。此外,还可以选择 EMBL 和 SwissProt 等数据库的序列特征表(feature table)中某些特殊内容,实现快速高效的检索。例如,选择蛋白质序列数据库 SwissProt,进入开展查询页面,在"FtKey"栏中选择"disulfide",不填入任何关键词而直接点击"Search",则可得到 SWISSPROT 中所有含二硫键的蛋白质序列条目。

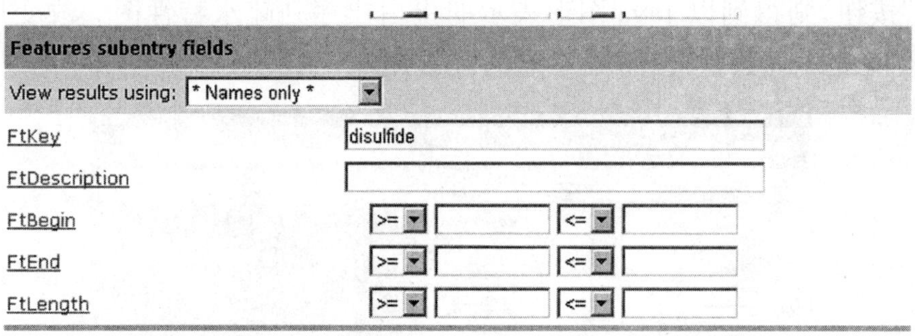

图 3-8　核酸序列数据库 EMBL 扩展查询方式页面

2. SRS 系统其他功能

SRS 系统有许多其他功能，它设有六个常用 Library Page，Query Form，Tools，Results，Projects，View，Databank，点击这些按钮，则可随时进入其他特定页面。

①Library Page。数据库选择页面，用来选择所需查询的数据库名称。用户可选择一个数据库进行查询，也可同时选择多个数据库查询。

②Query Form。标准查询方式页面，用来输入查询代码、编号、物种来源、说明、文献、作者、日期、关键词等查询项目，有的数据库可以选择全文搜索（All Text）选项，适用于对数据库内容不很熟悉、对所查信息不很确切的情况。

③Results。查询结果管理页面，用来对查询结果作组合、链接等处理，以得到进一步的筛选结果。

④View。显示管理页面，用户可以选择和定义查询结果的显示方式，包括文本方式、表格方式、图形方式、FASTA 搜索结果方式等。

⑤Databank。系统安装的数据库清单，包括数据库名称、版本、类型、数据量、建立索引的日期等。

此外，SRS 系统提供了详细的联机帮助信息，任何页面下点击右上方的 Help 按钮，即可启动联机帮助手册。仔细阅读该手册，可熟悉 SRS 系统的使用方法。

3. SRS 系统的特点

SRS 系统是一个功能强大的数据库查询功能，其主要特点作有以下几个方面。

（1）统一的用户界面

SRS 具有为统一的 Web 用户界面，用户只需安装 Netscape 等网络浏览器即可通过 Internet 查询世界各地 SRS 服务器上的 300 多个数据库。SRS 支持以文本文件形式存放的各种数据库,包括序列数据库 EMBL、SwissProt,结构数据库 PDB,资料数据库 Index、Biocat、dbcat,文献数据库 MedLine 等。

（2）高效的查询功能

生物信息数据库种类繁多,结构各异。如何快速、高效地对各种数据库进行查询,是数据库查询系统必须解决的问题。SRS 系统采用了建立数据库索引文件的手段,较好地解决了这一问题。即使是含几百万个序列的 EMBL 数据库,只需几分钟即可实现整库查询,得到所需结果。此外,SRS 系统具有查询结果相关处理功能,每次查询结果可作为进一步查询的子数据库,并可对其进行并、交等操作,对查询结果进行组合或筛选。

（3）灵活的指针链接

通过超文本指针链接实现信息资源的有机联系,是目前 Internet 信息服务的主要趋势。许多生物信息数据库均包含与其他相关数据库的代码,如 SwissProt 数据库中的蛋白质序列包含了该序列在 EMBL、PDB、Prosite、Medline 等其他数据库的代码。利用超文本链接,可将这些相关数据库联系在一起。SRS 采用实时方式,根据查询结果产生链接指针,而不是在原始数据库中增加超文本标记,既节省了存储空间,也便于数据库管理。

（4）方便的程序接口

将序列分析等常用程序整合到基本查询系统中,是 SRS 的另一个重要特点。用户可以对查询结果直接进行进一步分析处理。例如,查询所得的蛋白质序列,可立即用 BLAST 和 FASTA 查询程序进行数据库搜索,找出其同源序列;也可以用 PrositeSearch 程序,寻找功能位点;用 ClustalW 程序进行多序列比较

（5）开放的管理模式

在管理模式上,SRS 采用了开放的方式。无论是数据库还是应用程序,均可进行扩充和更新。用户可在本地机上安装自己的 SRS 系统,并将自己的数据库添加到 SRS 系统中,并可与其他数据库实现超文本链接。也可自行编写应用程序,整合到 SRS 系统中。

（6）统一的开发平台

SRS 系统中所有数据库均以文件系统方式存放,通过预先建立索引文件实现数据库查询。因此它不依赖于 Oracle、Sybase 等商业数据库管理软件,便于推广使用。为建立索引文件,特别是对 EMBL 这样大型数据库建立索引,系统的内存和 CPU 资源需要满足一定的要求。

3.2 数据库检索

在分子生物学研究中,对于新测定的碱基序列或由此翻译得到的氨基酸序列,往往需要通过数据库搜索,找出具有一定相似性的同源序列,以推测该未知序列可能属于哪个基因家族,具有哪些生物学功能。对于氨基酸序列来说,有可能找到已知三维结构的同源蛋白质而推测其可能的空间结构。因此,数据库搜索与数据库查询一样,是生物信息学研究中的一个重要工具。

3.2.1 数据库搜索的基本概念

弄清数据库搜索的基本概念,对选择适当的搜索算法和搜索程序,正确的搜索分析结果,都十分有必要。

1. 序列比对

序列比对又称序列联配(alignment),是指用某种特定的数学模型或算法,找出两个或多个序列之间的最大匹配碱基或残基,尽可能客观地反映它们之间的相似或相异,从而进一步判断它们之间是否具有同源性。为了突出不同序列的相似结构域通常将两条或多条序列对位排列—序列对位排列(图 3-9)。

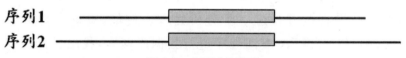

图 3-9 序列对位排列

序列比对就是为了确定序列间的相似性。序列相似性(sequence similarity)是指序列间相同 DNA 碱基或氨基酸残基顺序所在比例的高低,是一种直接的量化关系。比如说 A 序列与 B 序列的相似性为 75%。如果两条或多条序列是由共同的祖先进化而来的,则称这些序列为同源序列(homology sequence)。序列之间要么是同源的,要么是非同源的,属于质的判断。就是说 A 序列和 B 序列的关系上,只有同源序列或者非同源序列两种关系,而说 A 和 B 的同源性为 80% 都是不科学的。根据同源性特征的差异,同源序列分为直系同源序列(orthologous sequence)与旁系同源序列(paralogous sequence)两种类型。直系同源序列是不同物种内的同源序列,它们来自物种形成时的共同祖先基因。旁系同源序列是指在同一物种内通过类似基因复制的机制产生的同源序列。

序列对比是生物学最基本、最常用的一种序列分析方法,广泛地应用于生物化学的各个领域。其用途主要表现在:①分析基因或蛋白质的功能;②分析物种进化;③检测突变、插入或缺失;④序列延长;⑤序列定位;⑥基因表达谱分析。

(1)编辑距离

观察两条 DNA 序列:GCATGACGAATCAG 和 TATGACAAACAGC。从表面看来,这两条序列并没有什么相似之处,然而如果将第二条序列错移一位,并对比排列起来以后,就可以发现它们的相似性。

$$\begin{array}{c}\text{GCATGACGAATCAG}\\ |\ |\ |\ |\ |\ \ |\ |\\ \text{TATGAC AAACAGC}\end{array}$$

如果进一步在第二条序列中加上一条短横线,就会发现原来这两条序列有更多相似之处。

$$\begin{array}{c}\text{GCATGACGAATCAG}\\ |\ |\ |\ |\ |\ \ |\ |\ \ |\ |\ |\\ \text{TATGAC\ -AAACAGC}\end{array}$$

上面是两条序列相似性的一种定性表示方法,为了说明两条序列的相似程度,还需要定量计算。有两种方法可量化两条序列的相似程度:一,相似度,它是两条序列的函数,其值越大,表示两条序列越相似;二,两条序列之间的距离,距离越大,则两条序列的相似度就越小。在大多数情况下,相似度和距离可以交互使用,并且距离越大,相似度越小,反之亦然。

最简单的距离就是海明(Hamming)距离。对于两条长度相等的序列,海明距离等于对应位置字符不同的个数。例如,图 3-10 是 3 组序列海明距离的计算结果。

$s=$	AAT	AGCAA	AGCACACA
$t=$	TAA	ACATA	ACACACTA
Hamming Distance$(s,t)=$	2	3	6

图 3-10　海明距离

使用距离来计算不够灵活,这是因为序列可能具有不同的长度,两条序列中各位置上的字符并不一定是真正的对应关系。存在字符的删除和插入的错误,为了解决字符插入和删除问题,引入字符"编辑操作"(edit operation)的概念,通过编辑操作将一个序列转化为一个新序列。用一个新的字符"-"代表空位(或空缺,space),并定义下述字符编辑操作:

Match(a,a)为字符匹配;Delete$(a,-)$为从第一条序列删除一个字符,或在第二条序列相应的位置插入空位字符;Replace(a,b)为以第二条序列中的字符 b 替换第一条序列中的字符 a, $a \neq b$; Insert$(-, b)$ 为在第一条序列插入空位字符,或删除第二条序列中的对应字符 b。很显然,在比较两条序列 s 和 t 时,在 s 中的一个删除操作等价于在 t 中对应位置上的一个插入操作,反之亦然。

下面是两条序列的一种比对:

上述比对不能反映两条序列的本质关系。但是,如果将第二条序列头尾倒置,可以发现两条序列惊人的相似:

再比如,下面两条序列有什么关系?如果将其中一条序列中的碱基替换为其互补碱基,就会发现其中的关系:

CTAGTCGAGGCAATCT

GAACAGCTTCGTTAGT

(2)点矩阵分析法

进行序列比较的一个简单的方法是"矩阵作图法"或"对角线作图法"。将两条待比较的序列分别放在矩阵的两个轴上,一条在 x 轴上,从左到右,一条在 y 轴上,自下而上,如图 3-11 所示。当对应的行与列的序列字符匹配时,则在矩阵对应的位置作出"点"标记。逐个比较所有的字符对,最终形成点矩阵。

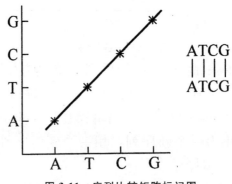

图 3-11　序列比较矩阵标记图

显然,如果两条序列完全相同,则在点矩阵主对角线的位置都有标记;如果两条序列存在相同的子串,则对于每一个相同的子串对,有一条与对角线平行的由标记点所组成的斜线,如图 3-12 中的斜线代表相同的子串"ATCC";而对于两条互为反向的序列,则在反对角线方向上有标记点组成的斜线,如图 3-13 所示。

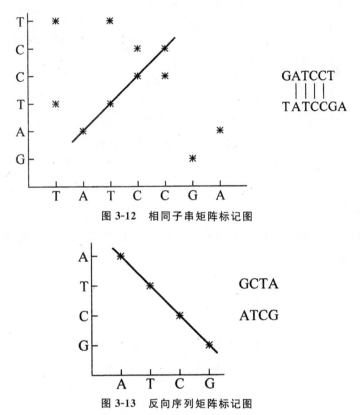

图 3-12　相同子串矩阵标记图

图 3-13　反向序列矩阵标记图

对于矩阵标记图中非重叠的与对角线平行斜线,可以组合起来,形成两条序列的一种比对。在两条子序列的中间可以插入符号"-",表示插入空位字符。在这种对比之下分析两条序列的相似性,如图 3-14 所示。找两条序列的最佳比对(对应位置等同字符最多),实际上就是在矩阵标记图中找非重叠平行斜线最长的组合。

两条序列中有很多匹配的字符对,因而在点矩阵中会形成很多点标记。当对比较长的序列进行比较时,这样的点阵图很快会变得非常复杂和模糊。使用滑动窗口代替一次一个位点的比较是解决这个问题的有效方法。假设窗口大小为 10,相似度阈值为 8。首先,将 X 轴序列的第 1~10 个字符与 Y 轴序列的第 1~10 个字符进行比较。如果在第一次比较中,这 10 个字符中有 8 个或者 8 个以上相同,那么就在点阵空间(1,1)的位置画上点标记。然后窗口沿 X 轴向右移动一个字符的位置,比较 X 轴序列的第 2~11 个字符与 Y 轴序列的第 1~10 个字符。不断重

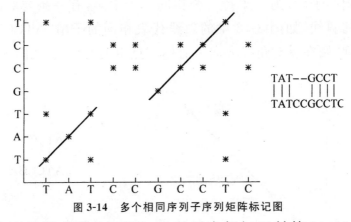

图 3-14　多个相同序列子序列矩阵标记图

复这个过程,直到 X 轴上所有长度为 10 的子串都与 Y 轴第 1~10 个字符组成的子串比较过为止。然后,将 y 轴的窗口向上移动一个字符的位置,重复以上过程,直到两条序列中所有长度为 10 的子串都被两两比较过为止。基于滑动窗口的点矩阵方法可以明显地降低点阵图的噪声,并且可以明确地指出两条序列间具有显著相似性的区域。[①]

(3)序列的两两比对

$s:$	AGCACAC-A	AG-CACACA
$t:$	A-CACACTA	ACACACT-A
	Match(A, A)	Match(A, A)
	Delete(G, -)	Replace(G, C)
	Match(C, C)	Insert(-, A)
	Match(A, A)	Match(C, C)
	Match(C, C)	Match(A, A)
	Match(A, A)	Match(C, C)
	Match(C, C)	Replace(A, T)
	Insert(-, T)	Delete(C,-)
	Match(A, A)	Match(A, A)

图 3-15　序列 AGCACACA 和序列 ACACACTA 的两种对比结果
以及对应的字符编辑操作

　　序列的两两比对(pairwise sequence alignment)就是对两条序列进行编辑操作,通过字符匹配和替换,或者插入和删除字符,使得两条序列达到一样的长度,并使两条序列中相同的字符尽可能地一一对应。设两条序列分别是 s 和 t,在 s 或

① 孙啸,陆祖宏,谢建明·生物信息学基础·北京:清华大学出版社,2005

t 中插入空位字符，使 s 和 t 达到一样的长度。图 3-15 是对序列 AGCACACA 和 ACACACTA 的两种比对结果以及对应的字符编辑操作。

下面就不同类型的编辑操作定义函数 ω，它表示"代价（cost）"或"权重（weight）"。对字母表 A 中的任意字符 a、b，定义：

$$\left.\begin{array}{l} \omega(a,a)=0 \\ \omega(a,b)=1\,(a\neq b) \\ \omega(a,-)=\omega(-,b)=d1 \end{array}\right\}$$

这是一种简单的代价定义，在实际应用中还需使用更复杂的代价模型。一方面，可以改变各编辑操作的代价值；另一方面，也可以使用得分（score）函数来评价编辑操作。下面给出一种基本的得分函数：

$$\left.\begin{array}{l} p(a,a)=1 \\ p(a,b)=0\,(a\neq b) \\ p(a,-)=p(-,b)=-1 \end{array}\right\}$$

在进行序列比对时，可根据实际情况选用代价函数或得分函数。

下面给出在进行序列比对时常用的概念。

①两条序列 s 和 t 的比对的得分（或代价）等于将 s 转化为 t 所用的所有编辑操作的得分（或代价）总和。

②s 和 t 的真实距离应该是在得分函数 p 值（或代价函数叫值）最优时的距离。

③s 和 t 的最优比对是所有可能的比对中得分最高（或代价最小）的一个比对；

使用前面代价函数 ω 叫的定义，可以得到下列比对的代价。

$$
\begin{array}{ll}
s: & \text{AGCACAC}-\text{A} \\
t: & \text{A}-\text{CACACTA} \\
\hline
& \text{cost}(s,t)=2
\end{array}
$$

而使用得分函数 p 的定义，可以得到下列比对的得分。

$$
\begin{array}{ll}
s: & \text{AGCACAC}-\text{A} \\
t: & \text{A}-\text{CACACTA} \\
\hline
& \text{score}(s,t)=5
\end{array}
$$

进行序列比对的目的是寻找一个得分最高（或代价最小）的比对。

2. 核酸得分矩阵

设核苷酸所用的字母表示为 A＝{A,C,G,T}

①等价矩阵。等价矩阵是最简单的一种得分矩阵，其中，相同的核苷酸匹配

得分为"1",不同的核苷酸匹配得分为"0"。

$$
\begin{array}{c|cccc}
 & A & T & C & G \\
\hline
A & 1 & 0 & 0 & 0 \\
T & 0 & 1 & 0 & 0 \\
C & 0 & 0 & 1 & 0 \\
G & 0 & 0 & 0 & 1 \\
\end{array}
$$

等价矩阵被广泛用于评价序列比对排列的质量。

②BLAST 矩阵。BLAST 是目前最流行的核酸序列对比程序,也是一个非常简单的矩阵,如果被比较的两个核苷酸序列相同则得分为"+5",反之为"-4"。矩阵表示形式如下。

$$
\begin{array}{c|cccc}
 & A & T & C & G \\
\hline
A & 5 & -4 & -4 & -4 \\
T & -4 & 5 & -4 & -4 \\
C & -4 & -4 & 5 & -4 \\
G & -4 & -4 & -4 & 5 \\
\end{array}
$$

③转移矩阵。核酸的碱基一类是嘌呤(腺嘌呤 A,鸟嘌呤 G),另一类是嘧啶(胞嘧啶 C,胸腺嘧啶 T)。如果碱基的变化分别在嘌呤之间或嘧啶之间发生的替换称为转换(transition),如 A→G,C→T;嘌呤与嘧啶之间的替换则称为颠换(transversion),如 A→C,A→T 等。在进化过程中,转换发生的频率远比颠换高,因此可以将这两种突变事件的发生赋予不同的数值,例如当转换发生时,就赋予得分值为"-1",而颠换发生时的得分为"-5"。这样就可以用下面的矩阵来表示。

$$
\begin{array}{c|cccc}
 & A & T & C & G \\
\hline
A & 1 & -5 & -5 & -1 \\
T & -5 & 1 & -1 & -5 \\
C & -5 & -1 & 1 & -5 \\
G & -1 & -5 & -5 & 1 \\
\end{array}
$$

3. 蛋白质得分矩阵

用于蛋白质序列比对的替换矩阵要相对复杂一些。目前应用最为广泛的两类蛋白质替换矩阵为 PAM 矩阵和 BLOSUM 矩阵。

（1）矩阵

PAM（accepted point mutation）矩阵是基于进化的点突变模型，通过统计蛋白质家族相似序列比对中的各种氨基酸替换频率而建立起来的替换矩阵。Dayhoff 及其同事研究了 71 组蛋白质序列（至少 85％相似）中 1572 种氨基酸变化来估计蛋白质，发现蛋白质家族中氨基酸的替换并不是随机的。在某些位点上，两种氨基酸替换频繁，而且其相互替换并不会引起蛋白质功能上的显著变化，则说明自然界接受这种替换，因而也称为"可接受突变"。这种可接受氨基酸替换时，得分较高。

Dayhoff 等利用氨基酸替换次数与相对突变力，构造出一个 20×20 的 PAM1 突变概率矩阵，该矩阵给出了所有氨基酸之间的替换频率。将 PAM1 突变概率矩阵自乘 n 次后，就会得到 PAMn 突变概率矩阵。因此，可以推演出一系列的 PAM 突变概率矩阵，比如 PAM30、PAM70、PAM120、PAM250 等突变概率矩阵。自乘次数越多，也就是 n 值越大，表示亲缘关系就越远。将 PAM 突变概率矩阵中每个元素经过标准化处理（氨基酸 i 转换成氨基酸 j 的突变率除以氨基酸 i 的出现频度），再取以 10 为底的对数后乘以 10，将 PAMn 突变概率矩阵能够转换为 PAMn 替换矩阵。常见的 PAM 替换矩阵有 PAM30、PAM70、PAM120、PAM250 矩阵。根据待比较序列的长度以及序列间相似性程度来选用特定的 PAM 矩阵，以获得最适合的序列比对。实践中用得最多的矩阵是 PAM250（图 3-16）。总的来看，PAM 矩阵往往比较适合相似度比较高的序列的比对。

A	2																			
R	-2	6																		
N	0	0	2																	
D	0	-1	2	4																
C	-2	-4	-4	-5	12															
Q	0	1	1	2	-5	4														
E	0	-1	1	3	-5	2	4													
G	1	-3	0	1	-3	-1	0	5												
H	-1	2	2	1	-3	3	1	-2	6											
I	-1	-2	-2	-2	-2	-2	-2	-3	-2	5										
L	-2	-3	-3	-4	-6	-2	-3	-4	-2	2	6									
K	-1	3	1	0	-5	1	0	-2	0	-2	-3	5								
M	-1	0	-2	-3	-5	-1	-2	-3	-2	2	4	0	6							
F	-3	-4	-3	-6	-4	-5	-5	-5	-2	1	2	-5	0	9						
P	1	0	0	-1	-3	0	-1	0	0	-2	-3	-1	-2	-5	6					
S	1	0	1	0	0	-1	0	1	-1	-1	-3	0	-2	-3	1	2				
T	1	-1	0	0	-2	-1	0	0	-1	0	-2	0	-1	-3	0	1	3			
W	-6	2	-4	-7	-8	-5	-7	-7	-3	-5	-2	-3	-4	0	-6	-2	-5	17		
Y	-3	-4	-2	-4	0	-4	-4	-5	0	-1	-1	-4	-2	7	-5	-3	-3	0	10	
V	0	-2	-2	-2	-2	-2	-2	-1	-2	4	2	-2	2	-1	-1	-1	0	-6	-2	4
	A	R	N	D	C	Q	E	G	H	I	L	K	M	F	P	S	T	W	Y	V

图 3-16　PAM250 替换矩阵

（2）BLOSUM 矩阵

BLOSUM 矩阵是由 Steven Henikoff 和 Jorja G. Henikoff 提出的另一种重要的氨基酸替换矩阵。BLOSUM 矩阵是基于近 1961 个保守的氨基酸模块中实际替换率的统计分析而建立起来的替换矩阵。BLOSUM 矩阵更加适合相似度低的氨基酸序列的打分与比对。常用的 BLOSUM 矩阵有 BLOSUM62、BLOSUM80 与 BLOSUM45。其中 BLOSUM62 矩阵是 BLAST 工具默认的打分矩阵，应用非常广泛。图 3-17 给出了 BLOSUM62 替换矩阵的详细信息。与 PAM 矩阵相比，BLOSUM 矩阵更适合亲缘关系较远的氨基酸序列的比对分析。

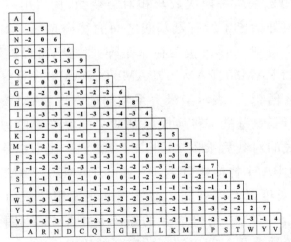

图 3-17　BLOUSUM 矩阵

4. 空位罚分

序列比对时，空格的出现是使字母相同的位置数量增加，但这种增加是以切断序列作为代价的。所以要对切断序列进行扣分。在实际应用中,当序列出现一个缺口时,第一个空格(Gap open)罚分较高,后面连续空格(Gap extension)每个空格的罚分较低。缺口中的第一个空格可以理解为将序列切断一次,而后面连续空格可以理解为这个缺口的长度。

5. 不同计分方法的比较

在实际工作中,不同对位排列的优劣可以用总分(即对核苷酸或氨基酸序列进行对位排列所获得的分数之和)来综合反映。不同的记分方法(模型)的特点可简单归纳如下。

①基于"一致性"的记分。在这种记分方法中,仅统计序列位点间的一致性。匹配的位点记正分(通常为1),非匹配的位点记0分。该方法的优点是简单明了,适用于高度相似性序列。但没有考虑非匹配位点间的不等价问题;在对相似性较低的序列进行对位排列时,效果尤差。

②基于"化学相似性"的记分。该方法是对一致性记分方法的局部改进。例如,Mclachlan 和 Feng 等结合氨基酸的性质(如极性、电荷、大小和结构特征),对不同氨基酸进行了加权。它考虑了氨基酸和蛋白质的结构与性质。但并非所有蛋白质的结构与功能的改变都可以用简单的记分描述。

③基于"遗传密码"的记分。该方法考虑到当一个氨基酸转换成另一个氨基酸时,在基因组水平上碱基变化的最小数目。它具有分子生物学基础,但考虑随机因素较少。例如,碱基变化数目并非总是与氨基酸序列间的相似性相对应。

④基于"观察突变"的记分。该方法考虑了对位排列序列中所实际观察到的突变频率。Dayhoff 矩阵和 BLOSUM 矩阵就属于这类方法。该方法以自然界中真实事件为基础。与其他记分方法相比,真实的突变频率更有助于解释序列间的进化关系。但突变频率是从已对位排列的序列中获得的,而初始的对位排列必须人工进行,较为复杂且容易发生错误。

3.2.2　两条序列全局比对

1. 全局比对的概念

从全长序列出发,考察两个序列之间的全局相似性,称为全局比对(global alignment)。这种算法适用于全局水平上相似性程度较高的两个序列,也适合于比较不等长序列。例如,按特定的计分规则(字母相同+1分、字母不同-1分、一个空格"—"对一个字母-2分),以下序列1与序列2的全局比对是:

比对的得分是 $1-2-2-2-2+1+1+1+1+1-2-2-2-2-2-2=12$,比对

序列1	T	A	C	A	G	T	T	G	G	A	T	C	C	G	T
序列2	T	T	T	G	G	A									

↓

序列1	T	A	C	A	G	T	T	G	G	A	T	C	C	G	T
序列2	T	—	—	—	—	T	T	G	G	A	—	—	—	—	—

的结果中 15 个位置有 6 个位置字母相同,9 个位置字母对空格。

最初的全局比对方法为动态规划算法(Needleman-Wunsch: dynamic programming),该法不需要比较全部配对方式并保证找出最优比对从初始化得分矩阵结果最后推算出可能的全局最优比对方案用初始化得分矩阵来存放可能的比对结果。动态规划是一种常用的规划方法,往往用于在一个复杂的空间中寻找一条最优路径。对于一个具体的问题,如果该问题可以被抽象为一个对应的图论问题,并且问题的解对应于图中从起点到终点的最短距离,那么就可以通过动态规划算法解决这个问题。在运用动态规划时,有以下几个要求:①首先,问题能够划分成一系列相继的阶段;②起始阶段包含基本子问题的解;③在后续阶段中,能够按递归方式逐步计算前面阶段的每个局部解;④最后阶段包含全局解。

2. 序列两两比对的基本算法

设序列 s、t 的长度分别为 m 和 n,考虑两个前缀,$_0 : s : _i$ 和 $_0 : t : _j$,$i, j \geqslant 1$。假如已知序列 $_0 : s : _i$ 和 $_0 : t : _j$ 所有较短的连续子序列的最优比对,即已知

①$_0 : s : _{(i-1)}$ 和 $_0 : t : _{(j-1)}$ 的最优比对。

②$_0 : s : _i$ 和 $_0 : t : _{(j-1)}$ 的最优比对。

③$_0 : s : _{(i-1)}$ 和 $_0 : t : _j$ 的最优比对。

则 $_0 : s : _i$ 和 $_0 : t : _j$ 的最优比对一定是上述 3 种情况之一的扩展,即

①替换 (s_i, t_j) 或匹配 (s_i, t_j),这取决于 s_i 是否等于 t_j。

②删除 $(s_i, -)$。

③插入 $(-, t_j)$。

令 $S(_0 : s : _{i, 0} : t : _j)$ 为序列 $_0 : s : _i$ 和与序列比对的得分,可根据下列递归算式计算最大值:

$$S(_0 : s : _{i, 0} : t : _j) = \max \begin{cases} S(_0 : s : _{(i-1), 0} : t : _{(j-1)}) + p(s_i, t_i) \\ S(_0 : s : _{(i-1), 0} : t : _j) + p(s_i, -) \\ S(_0 : s : _{i, 0} : t : _{(j-1)}) + p(-, t_i) \end{cases}$$

其初值为:

$$S(_0 : s : _{0, 0} : t : 0) = 0$$

$$S(_0:s:_{i,0}:t:_0) = S(_0:s:_{(i-1),0}:t:_0) + p(s_i, -), (i = 1, 2, \cdots m)$$

$$S(_0:s:_{0,0}:t:_j) = S(_0:s:_{0,0}:t:_{(j-1)}) + p(-, t_j), (j = 1, 2, \cdots n)$$

按照这种方法,对于给定的打分函数 $p(s_i, t_i)$,两条序列所有前缀的比对得分值定义了一个 $(m+1)(n+1)$ 的得分矩阵

$$D = (d_{i,j})$$

其中,$d_{i,j} = S(_0:s:_{i,0}:t:_j)$。对于一个长度为 n 的序列,有 $n+1$ 个前缀(包括一个空序列),所以,得分矩阵的大小为 $(m+1)(n+1)$。其中,矩阵的纵轴方向自上而下对应于第一条序列 (s),横轴方向从左到右对应于第二条序列 (t)。矩阵横向的移动表示在纵轴序列中加入一个空位,纵向的移动表示在横轴序列中加入一个空位,而斜对角向的移动表示两序列各自相应的字符进行比对。注意,各轴第一个元素的索引下标为0。

$d_{i,j}$ 的计算公式如下:

$$d_{i,j} = max \begin{cases} d_{i-1,j-1} + p(s_i, t_j) \\ d_{i-1,j} + p(s_i, -) \\ d_{i,j-1} + p(-, t_j) \end{cases}$$

$d_{i,j}$ 最大值的关系如图 3-18 所示。

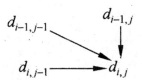

图 3-18　得分矩阵元素 $d_{i,j}$ 的计算

首先初始化得分矩阵 D,然后计算 D 的其他元素。计算过程从 $d_{0,0}$ 开始,可以是按行计算,每行从左到右;也可以是按列计算,每列从上到下。当然,任何计算过程,只要满足在计算 $d_{i,j}$ 时 $d_{i-1,j}$、$d_{i-1,j-1}$。和 $d_{i,j-1}$。都已经被计算这个条件即可。在计算 $d_{i,j}$ 后,需要保存 $d_{i,j}$ 是从 $d_{i-1,j}$、$d_{i-1,j-1}$。或 $d_{i,j-1}$ 中的哪一个推进的,或保存计算的路径,以便于后续处理。上述计算过程到 $d_{m,n}$ 结束。

与计算过程相反,求最优路径或最优比对时,从 $d_{m,n}$ 开始,反向前推。假设在反推时到达 $d_{i,j}$,现在要根据保存的计算路径判断 $d_{i,j}$ 究竟是根据 $d_{i-1,j}$、$d_{i-1,j-1}$。和 $d_{i,j-1}$ 中的哪一个计算而得到的。找到这个点以后,再从此点出发,一直到 $d_{0,0}$ 为止。走过的这条路径就是最优路径(即得分最大路径),其对应于两条序列的最优比对。

【例2】对两条核苷酸序列 ACACACTA 和 AGCACACA 进行全局比对。

[1] 将两条序列中的匹配残基所对应的单元位置为1,不匹配的位置为0。

	A	C	A	C	A	C	T	A
A	1	0	1	0	1	0	0	1
G	0	0	0	0	0	0	0	0
C	0	1	0	1	0	1	0	0
A	1	0	1	0	1	0	0	1
C	0	1	0	1	0	1	0	0
A	1	0	1	0	1	0	0	1
C	0	1	0	1	0	1	0	0
A	1	0	1	0	1	0	0	1

[2]对矩阵中每个单元进行连续求和,即把能够到达该位置的所有单元中最大值与该位置的值相加。对矩阵的所有单元都重复这一操作,直到全部结束为止。

	A	C	A	C	A	C	T	A
A	7	5	5	3	3	1	1	1
G	6	5	4	3	2	1	1	0
C	5	6	4	4	2	2	1	0
A	5	4	5	3	3	1	1	1
C	3	4	3	4	2	2	1	0
A	3	2	3	2	3	1	1	1
C	1	2	1	2	1	2	1	0
A	1	0	1	0	1	0	0	1

[3]完成所有矩阵单元的分值计算后,接下来就是从最高分值单元开始找出最大分值路径,也就是找出最佳匹配。根据上述求和过程的特性,最大分值单元一定是在序列的 N 端,也就是矩阵左上角。从这一起始单元回溯,找出具有最大分值的路径,即最佳路径。所谓回溯,就是由算法结束时的单元开始,反向查找到达该单元所经过的路径。最终比对结果如下所示:

```
A  CACACTA
|  |||||| |
AG CACAC A
```

矩阵起始单元的最大匹配值 7,实际上就是最佳匹配路径中相同匹配残基的数目。

3.2.3　序列局部对比

1. 序列局部的概念和意义

在有些情况下,需要将一个较短的序列(或探测序列,或模式序列)与一个较长的完整序列比较,试图找出局部的最优匹配。假设我们希望在较长序列 ATG-CAGCTGCTT 中搜寻短序列 AGCT。在所有可能的序列比对中,我们感兴趣的是:

$$- - - - A G C T - - - -$$
$$A T G C A G C T G C T T$$

这之所以是我们最感兴趣的比对,是因为它表明了,较短的序列完整地出现在较长的序列之中。我们有时希望避免对序列一端或两端出现的空位进行罚分,例如,在寻找一条短序列和整个基因组的最佳比对时就希望这样。

这是一种局部的比对(local alignment),其定义如下:给定两条序列$_0:s:_m$和$_i:t:_j$,从 t 中寻找一个子列$_i:t:_j$使得$S(s,_:t:j)$最大,$0 \leqslant i \leqslant j \leqslant n$。已有许多高效的算法可解决局部比对问题,而动态规划算法也只要作一点小小的修改就可以用于局部比对。

局部比对意味着不计删除序列 t 前缀(或前缀$_0:t:_i$与空位比对)的得分,这表明在对动态规划算法的得分矩阵进行初始化时,按下述方式处理:

$$S(_0:s:_{0,0}:t:_i) = 0$$

局部比对也不计删除序列 t 后缀(或后缀$_j:t:_n$与空位比对)的得分,即

$$S(_0:s:_{m,0}:t:_j) = \max \begin{cases} S(_0:s:_{(m-1)}:t:_{(j-1)}) + p(s_m, t_j) \\ S(_0:s:_{(m-1)}:t:_j) + p(s_m, -) \\ S(_0:s:_{m,0}:t:_{(j-1)}) \end{cases}$$

在得分矩阵初始化时,对第 0 行进行如下处理:

$$d_{0,j} = 0 (0 \leqslant j \leqslant n)$$

而其他行(除最后一行)的计算不变,最后一行的计算应该是

$$d_{m,j} = \max \begin{cases} d_{m-1,j-1} + p(s_m, t_j) \\ d_{m-1,j} + p(s_m, -) \\ d_{m,j-1} \end{cases}$$

同样,$d_{m,n}$依然是最优局部比对的得分,而匹配的子列$_i:t:_j$按如下方式寻找:

$$j = min\{k \mid d_{m,k} = d_{m,n}\}$$

然后由位置(m,j)出发,反推比对路径,最终通过斜线(非空位)到达$(0,i)$。

2. 序列局部的算法

（1）Smith-Waterman 算法

这种方法的思路是用迭代方法计算出两个序列的相似值，并存放于$(n+1)(m+1)$的矩阵 D 中，然后根据得分矩阵，通过动态规划的方法回溯寻找最优的比对序列。

（2）BLAST 算法

1990 年由 Altschul 等人提出，采用了一种短片段匹配算法和一种有效的统计模型来找出目的序列和数据库之间的最佳局部比对效果。它的基本思路是：通过产生数量更少、质量更好的配对片段（又称增强点）来提高速度。

算法过程简单描述为：

①从两个序列中找出一些长度相等且可以形成无空位完全匹配的序列片段对。

②找出两个序列之间所有匹配程度超过一定阈值的序列片段对。

③将得到的序列片段对根据给定的相似性阈值延伸，得到一定长度的高分值片段对。

（3）FASTA 算法

1985 年由 Pearson 和 Lipman 提出，用于两条序列比对的启发式算法。其基本思路是：一个能揭示出真实序列关系的比对至少包含一个在两个序列都拥有的"字"（片段），把查询序列中的所有"字"编成哈希表（hash table）（即根据关键"字"的值从数据库读取数据的映射表），然后在数据库搜索时查询这个 Hash 表，以检索出可能的匹配，这样那些序列中的"字"就能很快地被鉴定出来。

算法过程简单描述为：

① 根据点阵图逻辑，从比对的所有结构中计算出最佳的对角线。

② 使用字符方法寻找查询字符和测试序列之间的精确匹配。

③ 当所有的对角线发现之后，通过增加空位来连接对角线。

④ 在最佳对角线区域中计算出比对结果。

3. 寻找最大相似子序列

对两条序列都进行部分比较。例如，假设 s 和 t 是两条蛋白质序列，并且已知 s 和 t 具有功能上相关的子序列，而 s 和 t 的其他部分与该功能无关。又如，假设一条很长的黑猩猩 DNA 序列，要求找出其中与人类基因组具有相似部分的任何一条子序列。对于这种情况，采用全局序列比对方法，不可能找出高度相似的局部区域，需要设计序列局部相似性的比较算法。下面假设得分函数只奖励匹配，即匹配奖励分值为 +1，失配罚分为 -1，空位罚分为 -1。

这里使用的数据结构依然是一个 $(m+1)\times(n+1)$ 的矩阵 D，但是，对数组元素含义解释与基本算法的有所不同，每个元素的值代表序列 $_0 : s_{:i}$ 某个后缀和序列 $_0 : t_{:j}$ 某个后缀的最佳比对。

同子序列与完整序列比对一样，这种局部比对不计前缀的得分，所以新的边界条件是：

$$d_{0,j}=0(0\leqslant j\leqslant n)$$

$$d_{i,0}=0(1\leqslant i\leqslant m)$$

另外，由于 $_0 : s_{:i}$ 和 $_0 : t_{:j}$ 总有一个得分为"0"的空后缀比对（见图 3-19），因此，矩阵 D 中的所有元素大于或等于"0"。于是，新的递归计算公式为

$$d_{i,j}=\max\begin{cases} d_{i-1,j-1}+p(s_i,t_j) \\ d_{i-1,j}+p(s_i,\text{-}) \\ d_{i,j-1}+p(\text{-},t_j) \\ 0 \end{cases}$$

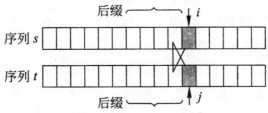

图 3-19　寻找最大相似子序列局部比对示意图

阈值"0"意味着矩阵中的"0"元素分布区域对应于不相似的子序列，而正数区域则是局部相似的区域。最后，在矩阵中找最大值，该值就是最优的局部比对得分，它所对应的点为序列局部比对的末点；然后，反向推演前面的最优路径，直到局部比对的起点。

4. 对比相似序列

有时两条序列一眼看上去就非常相似，但要详细分析两者的相似性，还必须通过详细的比对。对于这种特殊的序列对，可以采用特殊方法进行比较，以提高算法的执行效率。下面讨论一个相似序列快速比较算法。

假设待比较的两条序列 s 和 t 具有同样的长度 n，那么，动态规划矩阵就是一个方阵，其主对角线从 $(0,0)$ 出发，到 (n,n) 终止。沿主对角线的路径代表没有"插入"和"删除"操作，仅有"匹配"和替换。如果该路径不是一个最优的比对，则需要在两条序列中插入一些"空位"，而且插入的空位数相同。

插入空位后，比对所对应的路径偏离主对角线，例如，有如下两条序列：

$$s=\text{GCGCATGGATTGAGCGA}$$
$$t=\text{TGCGCCATGGATGAGCA}$$

这两条序列的最优比对所对应的路径偏离主对角线,经过一段以后重新返回主对角线(见图3-20),最优比对包括两个空位对。在上述情况下,插入的空位对数目等于偏离主对角线的距离。这个结论并非总成立,但下述结论总成立:空位对的数目大于或等于最大能偏离距离。

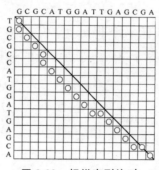

图 3-20 相似序列比对

总之,如果两条序列相似,其最优的比对路径将处于主对角线附近。为了计算最优比对的得分,不需要计算所有的矩阵元素,只需要计算主对角线附近带状(设带宽为尾)区域中的元素即可。这样,算法的时间复杂度为 $O(kn)$,k 为带宽。

k 的选择方法:假设一个比对至少有 $(k+1)$ 个空位对,则最佳的得分为
$$C=M(n-k-1)+2(k+1)g$$
其中,M 为匹配的得分,g 为空位的得分,$M>0$,$g\leqslant 0$。

从某个 k($k=1$)开始进行计算,如果 $d_{n,n}$ 比上式的计算值小。则将 k 加倍,再讲行一次计算,直到下列条件成立:
$$d_{m,n}\geqslant M(n-k-1)+2(k+1)g$$

对于长度接近的相似序列也可以进行同样的处理。进一步扩展算法,形成可以快速发现相似子系列的算法。

3.2.4　比对的显著性检验

对于任何序列比对均可以计算其相似性得分,然而由于随机因素的影响,非同源序列也可能得到较高的相似性得分。因此,需要用显著性检验判定这个分值是否具有显著意义,进而可以帮助生物学家决定由一定算法所得出的比对是否就是所期望的结果。

比对显著型检验的典型方法是:将两条待比对的序列分别随机打乱,再使用相同的程序与打分函数(或打分矩阵)进行比对,计算这些随机序列的相似性得

分。重复这一过程（通常为 50～100 次），得到随机序列比对得分的正态分布曲线。

这里用 μ 和 δ 分别表示其平均值与标准差。设原来两条序列的比对得分为 x，利用下式计算大于或等于 x 的比对得分概率：

$$z=(x-\mu)/\delta$$

可以根据 z 值判断两个序列相似得分的显著性。

一般假定当 $z>5$ 时，两条被比对的序列在进化上是相关的；当 $3\leqslant z\leqslant 5$ 时，如果两者有其他方面相似的证据（如功能相似），则两条序列也是同源的；如果 $z<3$，则表示两条序列不同源。许多重序列比对软件都带有计算 z 值的程序，可直接用于评价序列比对的显著性。

Karlin 和 Altschul 提出一种基于概率论的显著性分析方法，他们推导出一个精确的公式

$$P(S>x)=1-\exp(-Kmne^{-\lambda x})$$

计算两条序列比对得分大于两条随机序列比对得分的概率。其中，$P(S>x)$ 是最大片段得分大于 x 的概率；m 和 n 分别是两条待比对序列的长度；K 和 λ 是两个参数，它们的值取决于打分函数和序列中各种字符出现的频率。该方法尽限于不引入空位的序列比较得分的显著性计算。把一个已知的比对得分值 S 同预期的分布相关联，可以计算出 P 值，从而给出这个分值的比对显著性。通常，P 值越趋近于零，分值越有意义。

根据这一公式，比对得分是将第一条序列的任意一个片段与第二条序列的任意一个片段进行比对的最高得分（比较过程中不引入空位），称为最大片段得分，比对的片段称为高得分片段对（HSP）。HSP 通常用改进的 Smith-waterman 算法或简单地使用大的空位罚分方法获得。

把序列比对局限于没有空位的基础之上，可以使问题大大简化，但是，却脱离分子生物学的实际情况。要建立一个插入和删除的精确模型需要引入空位，但如果空位相对较少，在这些空位之间仍然可以获得高分值区域，有代表性的是可能会获得紧密相邻的 HSP。在这种情况下，从总体上去评估它的显著性是较为合理的，也许，每个片段并不显得很重要，但是，几个片段同时出现就不太像是偶然事件了。Karlin-Altschul 加和统计学可以计算 N 个 HSP 的统计值，此种方法的实质是把 N 个最佳片段的分值进行加总，从而计算事件偶然发生的可能性。其他一些论据也被用来确认这些分值，只是在片段与比对一致的情况下进行加总。虽然加总的分值分布与 HSP 分值最大值有差异，仍然可以得到解析解。

上述几种方法需要经过计算才能进行显著性的判断，而有经验的专家往往能

够直接进行显著性判断。

Doolitter 针对蛋白质序列提出如下的经验法则。

①如果配对的相同率小于 15%,则不管两个序列的长度如何,它们都不可能相关。

②如果两个序列的长度都大于 100,在适当地加入空位之后,它们配对的相同率达到 25%以上,则两个序列相关。

③如果两个序列的相同率在 15%～25%之间,它们可能是相关的。

3.2.5　多重序列比对

多重序列比对与序列两两比对不一样,它的目标是发现多条序列的共性。如果说序列两两比对主要用于建立两条序列的同源关系和推测它们的结构、功能,那么,同时比对一组序列对于研究分子结构、功能及进化关系更为有用。

通过序列的多重比对,可以得到一个基因家族的序列特征。当给定一个新序列时,根据序列特征,可以判断这个序列是否属于该家族。对于多重序列比对,大多数算法都基于渐进比对的思想,在序列两两比对的基础上逐步优化多重序列比对的结果。进行多重序列比对后,可以对比对结果进行进一步处理。例如,构建序列的特征模式,将序列聚类和构建分子进化树等。

同样,只有在多重序列比对之后,才能发现与结构域或功能相关的保守序列片段。

最初的多重序列比对算法基于动态规划法,由于实际数据利用多维的动态规划矩阵进行序列比对不太现实,因此目前大多数实用的多重序列比对程序采用基于渐进思想的启发式算法,以降低运算复杂度。

图 3-21 是从多条免疫球蛋白序列中提取的 8 个片段的多重比对。这 8 个片段的多重比对揭示了保守的残基(一个是来自于二硫桥的半胱氨酸,另一个是色氨酸)、保守区域(特别是前 4 个片段末端的 Q-PG)和其他更复杂的模式,如 1 位和 3 位的疏水残基。

从图 3-21 可以看出,前 4 条序列与后 4 条序列可能是从两个不同祖先演化而来,而这两个祖先又是由一个最原始的祖先演化得到。实际上,其中的 4 个片段是从免疫球蛋白的可变区域取出的,而另 4 个片段则从免疫球蛋白的恒定区域取出。当然,如果要详细研究进化关系,还必须取更长的序列进行比对分析。

```
V T I S C T G S S S N I G A G - N H V K W Y Q Q L P G
V T I S C T G T S S N I G S - - I T V N W Y Q Q L P G
L R L S C S S S G F I F S S - - Y A M Y W V R Q A P G
L S L T C T V S G T S F D D - - Y Y S T W V R Q P P G
P E V T C V V V D V S H E D P Q V K F N W Y V D G - -
A T L V C L I S D F Y P G A - - V T V A W K A D S - -
A A L G C L V K D Y F P E P - - V T V S W N S G - - -
V S L T C L V K G F Y P S D - - I A V E W E S N G - -
```

图 3-21　多重系列对比

1. SP 模型

SP 模型（sum-of-pairs，逐对加和）是一种多重序列比对的评价模型。在多重比对中，首先要对所得到的比对进行评价，以确定其优劣。例如，对图 3-21 中的 8 条序列进行比对，可以得到另外两种结果，如图 3-22 所示。那么，这样的 3 个多重比对，哪一个更好呢？这就需要有一种方法来评价一个多重比对。

```
VTISCTGSSSNIG-AGNHVKWYQQLPG          VTISCTGSSSNIGAG-NHVKWYQQLPG
VTISCTGTSSNIG--SITVNWYQQLPG          VTISCTGTSSNIGS--ITVNWYQQLPG
LRLSCSSSGFIFS--SYAMYWVRQAPG          LRLSCS-SGFIFSS-YAMYWVRQAPG
LSLTCTVSGTSFD--DYYSTWVRQPPG          LSLTCTVSGTSFDD--YYSTWVRQPPG
PEVTCVVVDVSHEDPQVKFNW--YVDG          PEVTCVVVDVSHEDPQVKFNWYVDG--
ATLVCLISDFYPG--AVTVAW--KADS          ATLVCLISDFYPGA--VTVAWKADS--
AALGCLVKDYFPE--PVTVSW--NS-G          AALGCLVKDYFPEP--VTVSWNSG--
VSLTCLVKGFYPS--DIAVEW--ESNG          VSLTCLVKGFYPSD--IAVEWESNG--
            (a)                                  (b)
```

图 3-22　多重序列对比结果比较

假设得分（代价）函数具有加和性，即多重比对的得分是各列得分的总和。那么，首先考虑如何给比对的每一列打分，然后将各列的和加起来，得到一个总得分。在处理每一列时，自然的处理方式是寻找一个具有 k 个变量的打分函数（k 是参与多重比对的序列的个数），而每一个变量或者是一个来自特定字母表中的字符，或者是一个空位。可是很难得到这样一种具有足个变量的表达式函数。另一方面，这种隐式函数不具有统一的形式，随着 k 的变化，函数的表现形式也发生变化，不利于计算机处理。可以考虑使用显式函数，在具体实现显式函数时，用一个尼维数组来表示该显式函数（类似于得分矩阵），指定对应于是个变量各种组合的函数值。这带来一个新问题，即所需的数组空间很大，而且随着 k 的变化，数据结构也要随之动态变化。

我们所期望的函数在形式上应该简单，具有统一的形式，不随序列的个数而发生形式变化。根据得分函数的意义，函数值应独立于各参数的顺序，即与待比较的序列先后次序无关。另外，对相同的或相似字符的比对，奖励的得分值高，而对于不相关的字符比对或空位,则进行惩罚(得分为负值)。满足上述条件的一个函数就是常用的逐对加和 SP 函数。SP 函数定义为一列中所有字符对得分之和:

$$\text{SP-score}(c_1, c_2, \cdots c_k) = \sum_{i=1}^{k-1} \sum_{j=i+1}^{k} p(c_i, c_j)$$

式中,$c_1, c_2, \cdots c_k$ 是一列中的 k 是关于一对字符相似性的打分函数。对于 p 可采用不同的定义。下面一个是 SP 函数计算的例子。

$$\text{SP-score} \begin{bmatrix} L \\ L \\ A \\ P \\ G \\ S \\ - \\ G \end{bmatrix} = -26$$

总得分根据字符两两比较得分计算演化而来,即逐对计算 $p(1,2), p(1,3)$,$\cdots, p(1,8), p(2,3), p(2,4), \cdots, p(2,8), \cdots, p(7,8)$ 的所有得分,再加和得到结果。在上述计算中定:如果两个对比的字符相同,则得分为 0,否则,得分为 -1。所以,上述一列的得分为:$(-7-6-5-4-3-2-1)+2=-26$

在进行多重序列比对时,可能会出现两个空位字符的比对,因此需要扩充函数 p 的定义域,即增加 $p(-,-)$ 的定义。通常的定义是

$$p(-,-)=0$$

一般只要是遇到空位字符,其得分就应该是负的,所以两个空位字符的比对应得到更多的负分。但是,在序列多重比对中,我们往往在得到整体比对的基础上进一步分析两条序列的对应关系。例如,根据图 3-22 的比对结果,取出最后两条比对的序列,见图 3-23(a)。这里存在空位字符对比的列,相当于这两条序列都进行了插入操作。但是由于插入位置相同(如图 3-23(a)箭头所指位置),这两条序列本身在此位置上是完全相同的,所以,此位置上的编辑代价为零,或者得分为 0。因而在分析这两条序列时,可以去掉这些空位字符对比的列,得到由多重序列比对结果推演的序列两两比对,如图 3-23(b)所示。其结果又称为多重序列比对在两条特定序列上的投影(projection)。

若先处理每一个序列对,而在处理序列对时,逐个计算字符对,最后加和,则 SP 得分模型的计算公式如下:

AALGCLVKDYFPEP－－VTVSWNSG－－－

VSLTCLVKGFYPSD－－IAVEWESNG－－
　　　　　　　　　　↑↑　　　　　　　↑↑

(a)

AALGCLVKDYFPEPVTVSWNSG－

VSLTCLVKGFYPSDIAVEWESNG
(b)

图 3-23　多重比对投影

$$\text{SP-score}(\alpha) = \sum_{i<j} \text{score}(\alpha_{i,j})$$

其中，α 是一个多重比对，$\alpha_{i,j}$ 是由 α 推演出来的序列 s_i 和 s_j 的两两比对。

具体计算 SP 时，可以先对多重序列比对仗的每一列进行计算，然后将每一列的得分值相加；也可以先计算每一对推演出来的两两序列比对的得分，然后再加和。

2. 动态规划算法

假设在三维晶格的顶端、前面、后面各有一平行光源，这些光源将代表多重序列比对的路径投影到相对的侧面，即投影到一对序列所在的平面（图 3-24 中仅画出了右边的光源）。将多重比对投影到两个序列所在的平面在加速优化计算中将起重要的作用。

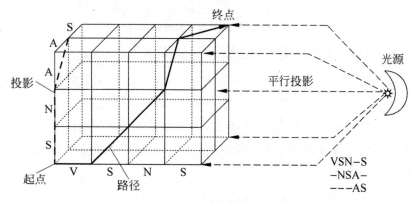

图 3-24　条序列对应的三维晶格

一个多重序列比对投影的结果可能比原来要短，例如，下面的多重序列比对

G－－－SNS

GN－－－－S

GNAVSNS

如果在前两条序列方向进行投影，则投影结果为

G - SNS

GN - - S

如果路径的某一段沿投影方向进行，那么该段路径就不可能产生投影。上图中的第一段沿着第一条序列向前进，推进方向垂直于其他两条序列，则平行光源对这一段不生直线投影，而仅仅产生一个投影点。

在超晶格中（图 3-25），序列计算从左下角进行，计算过程从超晶格的的坐标点 $(0,0,\cdots,0)$ 开始，按节点之间的依赖关系向右上后方推进，直到计算完最后一个节点。在图 3-25 中，当前点的得分计算取决于与它相邻的 7 条边，分别对应于匹配、替换或引入空位等 3 种编辑操作。计算各操作的得分（包括前趋节点的得分），选择一个得分最大的操作，并将得分和存放于该节点。在三维或超晶格中，计算公式与上一节相似，但计算一个节点依赖于更多的前趋节点。在三维情况下要考虑 7 个前趋节点，在 k 维情况下要考虑 $2^k - 1$ 个前趋节点。

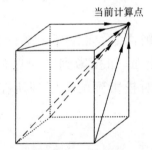

当前计算点

图 3-25　三维节点计算依赖关系

假设以 k 维数组 A 存放超晶格，则计算过程如下：

① $a[0,0\cdots,0]=0$

② $a[\boldsymbol{i}]=max\{a(i-b)+SP\text{-}score[Column(s,\boldsymbol{i},\boldsymbol{b})]\}$

这里 $\boldsymbol{i}$ 是一个向量，代表当前点，$\boldsymbol{b}$ 是具有志个元素的非零二进向量，代表 $\boldsymbol{i}$ 与前一个点的相对位置差（例如，在二维的情况下，$\boldsymbol{b}=(1,1)$、$(1,0)$ 或 $(0,1)$，s 代表待比对的序列集合，而

$$Colum(s,\boldsymbol{i},\boldsymbol{b})=(c_j)_{j\leqslant k}$$

其中，$s_j[i_j]$ 表示第 j 条序列在第 i_j 位的字符，$SP\text{-}score[Column(s,\boldsymbol{i},\boldsymbol{b})]\}$ 代表 SP 模型的得分值。计算过程是一个递推的过程，在计算每个晶格节点得分的时候，将其各前趋节点的值分别加上从前趋节点到当前点的 SP 得分，然后，取最大值作为当前节点的值。

随着待比对的序列数目增加，计算量和所要求的计算空间猛增。对于 k 条序

列的比对,动态规划算法需要处理足维空间里的每一个节点,计算量自然与晶格中的节点数成正比,而节点数等于各序列长度的乘积。对于 k 维超晶格,前趋节点的个数等于 2^k-1。因此,用动态规划方法计算多重比对的时间复杂度为 $O(2\mathrm{k}\prod_{i=1,\cdots k}|s_i|)$。这个计算量是巨大的,而动态规划算法对计算空间的要求也是很大的。

3. 优化计算

本节介绍 Carrillo-Lipman 的优化计算方法,该算法是基于多重序列比对与向两个序列投影之间的关系,将 SP 得分与序列两两比对的得分联系起来。

设 k 条序列 $s_1,s_2,\cdots,s_k$ 是的长度分别为 $n_1,n_2,\cdots,n_k$,按照 SP 得分模型计算这些序列的最优比对。依然采用动态规划方法,但并不计算超晶格空间中所有的节点,而是仅处理"相关"的节点。但是,哪些节点是相关的呢?这需要观察节点在两条序列所在平面上的投影。

假设 α 是关于是条序列 $s_1,s_2,\cdots,s_k$ 的最优多重比对。可以按下述方法测试超晶格空间中的一个节点是否为相关节点:从某个节点向任何两条序列所在的平面投影,如果该投影是这两条序列两两最优比对的一部分(前面一部分),则该节点是相关节点。

在说明具体的优化计算方法之前,先介绍一种计算两条序列经过特定断点的最优比对算法。设有两条序列 s、t,已知它们的两个断点分别是 i、j(即 s、t 分别在 i 和 j 处一分为二),则 s、t 对于经过特定断点 (i,j) 的最优比对可分为两个部分,一是对应于两条序列前缀 $_0:s_{:i}$ 与 $_0:t_{:j}$ 的最优比对,另一个是对应于两条序列后缀 $_i:s_{:m}$ 与 $_j:t_{:n}$ 的最优比对,m、n 分别为两条序列的长度。实际上,经过特定断点的最优比对是两个比对。

为了得到特定断点的最优比对,利用两个矩阵 A 和 B,其值分别为

$$a_{i,j}=\mathrm{sim}(0:s_{:i},0:t_{:j})$$
$$b_{i,j}=\mathrm{sim}(i:s_{:m},j:t_{:n})$$

对于矩阵 A 的计算与标准算法一样,而对于矩阵 B 的计算则是反方向的,即先对 B 的最后一行和最后一列进行初始化,然后反向推进到 (O,O)。这样,矩阵 A 与 B 的和 $(A+B=C)$ 包含了经过任意特定断点 (i,j) 的最优比对得分。我们称矩阵 C 为总得分矩阵,而 A、B 分别是前缀和后缀的得分矩阵。

根据矩阵 C 可以迅速求出两个序列的最优比对,图 3-26 列出了根据某个打分模型计算得到的矩阵 A 和 C。可以看出,根据 C 的最大值,可以非常容易地找出最优比对所对应的路径。最优路径通过一系列断点,经过这一系列断点的所有最

优比对得分值相同,实际上这个得分值就是两条序列比对的得分。

		G	A	T	T	C
	0	-2	-4	-6	-8	-10
A	-2	-1	-1	-3	-5	-7
T	-4	-3	-2	0	-2	-4
T	-6	-5	-4	-1	1	-1
C	-8	-7	-6	-3	-1	2
G	-10	-7	-8	-5	-3	0
G	-12	-9	-8	-7	-5	-2

(a)

		G	A	T	T	C
	-2	-2	-7	-12	-17	-22
A	-7	-4	-2	-7	-12	-17
T	-10	-7	-5	-2	-7	-12
T	-13	-10	-7	-5	-2	-7
C	-14	-13	-10	-5	-4	-2
G	-17	-14	-13	-8	-4	-2
G	-22	-17	-14	-11	-7	-2

(b)

```
-ATTCGG
GATTC--
```
(c)

图 3-26 经过特定断点的序列对比

(a)前缀矩阵;(b)总得分矩阵;(c)最优比对

虽然最优多重比对的投影不一定是两两最优比对,但是可以为投影的得分设立一个下限。

设 α 是关于 $s_1, s_2, \cdots, s_k$ 的最优比对,如果 $SP\text{-}score(\alpha) \geqslant L$,则可以证明

$$\text{score}(\alpha_{i,j}) \geqslant L_{i,j}$$

其中 $\text{score}(\alpha_{i,j})$ 是 α 在 s_i 和 s_j 所在平面投影的得分。

$$L_{i,j} = L - \sum_{x < y,(x,y) \neq (i,j)} (\text{sim}(s_x, s_y))$$

这里,L 实际上是最优多重比对的一个下限,而 $L_{i,j}$ 是序列 s_i 和序列 s_j 比对得分的一个下限。现在,需要判断超晶格中的一个节点 $i = (i_1, i_2, \cdots i_k)$ 是否在 L 的限制下与最优比对相关。简单地说,如果一个节点满足式 $\text{score}(\alpha_{i,j}) \geqslant L_{i,j}$ 的条件,则该节点是相关的;若条件不满足,即 $\text{score}(\alpha_{i,j})$ 小,则不可能是相关的,因此,i 肯定不会处于最优路径上。当然,上述条件只是一个必要条件,但不是充分条件。满足条件只是说明 i 可能处于最优路径,但不一定处于最优路径。条件的作用是限制搜索空间,提高算法的实施效率。

将判断条件进一步具体化,则对于所有的 $1 \leqslant x \leqslant y \leqslant k$,如果 i 满足

$$C_{x,y}[i_x, i_y] \geqslant L_{x,y}$$

则 i 是相关的。这里,$C_{x,y}$ 是序列 s_x 和 s_y 的总得分矩阵,$C_{x,y}[i_x, i_y]$ 表示在点 $[i_x, i_y]$ 处的值。这个具体的条件是根据前面的叙述推演出来的。假设最优比对及所对应的路径通过节点 $(i_1, i_2, \cdots, i_x, \cdots, i_y, \cdots, i_k)$,则 $C_{x,y}[i_x, i_y] \geqslant \text{score}(\alpha_{i,j}) \geqslant L_{x,y}$。因此,如果 $C_{x,y}[i_x, i_y] \geqslant L_{x,y}$,则最优多重序列比对不会经过节点 $(i_1, i_2, \cdots, i_x, \cdots, i_y, \cdots, i_k)$,因而,该超晶格点是非相关的。

为了得到一个合理的下限 L,可以任选一个包含所有序列的多重比对,计算该多重比对的得分,以此作为 L。若选取的 L 接近于最优值,算法速度将大大提高。

在实现上述优化计算方法时,需要一种剪枝方法,它一次能够将许多不相关节点删除。

从超晶格的零点 $\mathbf{0}=(0,0,\cdots 0)$ 出发,此节点总是相关的。逐步扩展节点,直到终点 $(n_1,n_2,\cdots n_k)$。在扩展过程中,仅分析相关节点。以数组 $\alpha[\,]$ 保存各节点的计算结果。如果在计算 $\alpha[j]$ 时用到 i,称一个节点 i 影响另一个节点 j。这又称为 i 依赖于 j,每一个节点依赖于其他 2^k-1 个节点。为了便于处理,设置一个缓冲区,该缓冲区内仅存放相关节点的后续节点。首先将 0 放入其中。当一个节点 i 进入缓冲区时,其对应的值 $\alpha[i]$ 被初始化,然后现 $[z]$ 的值在随后的阶段中被更新。当该节点离开缓冲区时,其值即为该点真正的值,并用于其他节点(依赖于此节点)的计算。当然,其后续节点是否要计算,还取决于 i 是否为相关节点,若不是,则不再计算其后续的其他节点。

具体的过程如下:设 j 是一个依赖于 i 的相关节点,如果 j 不在缓冲区内,则将其放入缓冲区,并计算

$$\alpha[j]\leftarrow\alpha[i]+SP\text{-score}[(s,i,b)]$$

如果早已在缓冲区中,则按下式更新:

$$\alpha[j]\leftarrow\max(\alpha[i],\alpha[j]+SP\text{-score}[(s,i,b)])$$

Carrilo-Lipman 算法要求待比较的多个序列具有较大的相似性,并且序列数不能太多。幸运的是,在实际工作中,许多生物分子序列的比较满足这两个条件。

3.2.6　序列比对工具的功能及其应用

1. CLUSTAL 的功能及应用

CLUSTAL 是对核苷酸或蛋白质进行多序列比对的程序,也可以对来自不同物种的功能相同或相似的序列进行比对和聚类,通过构建系统发生树判断亲缘关系,并对序列在生物进化过程中的保守性进行估计。

CLUSTAL 有 CLUSTALX 和 CLUSTALW 之分,CLUSTALW 是以命令行格式运行,CLUSTALX 则通过窗口格式进行操作。

2. 限制性核酸内切酶酶切位点分析

限制性核酸内切酶酶切位点分析的应用主要体现在以下三个方面:

①在进行限制性片段长度多态性(RFLP)和 cDNA 扩增片段长度多态性(cDNA-AFLP)分析时,试验前要对所有目的基因进行限制性核酸内切酶酶切的理论分析,初步确定条带的长度和多态性。

②在基因克隆时,要对目的基因片段和载体进行酶切分析,以选择适当的限

制性核酸内切酶对克隆位点进行酶切。

③可以通过序列分析,预测酶切位点的位置和酶切位点的特征。

常用的软件有 DNAstar,DNAMAN,Vector NTI,BioXM;在线网站如 http://www. in-silico. com/restriction/one_seq/ 。

【例3】通过 http://www. in-silico. com/restriction/one_seq/网站来分析一段具体的限制性内切酶内切位点。

步骤:

[1]打开 http://www. in-silico. com/restriction/oneseq 的主页将所要分析的DNA 序列输入下面方框中,如图 3-27 所示。

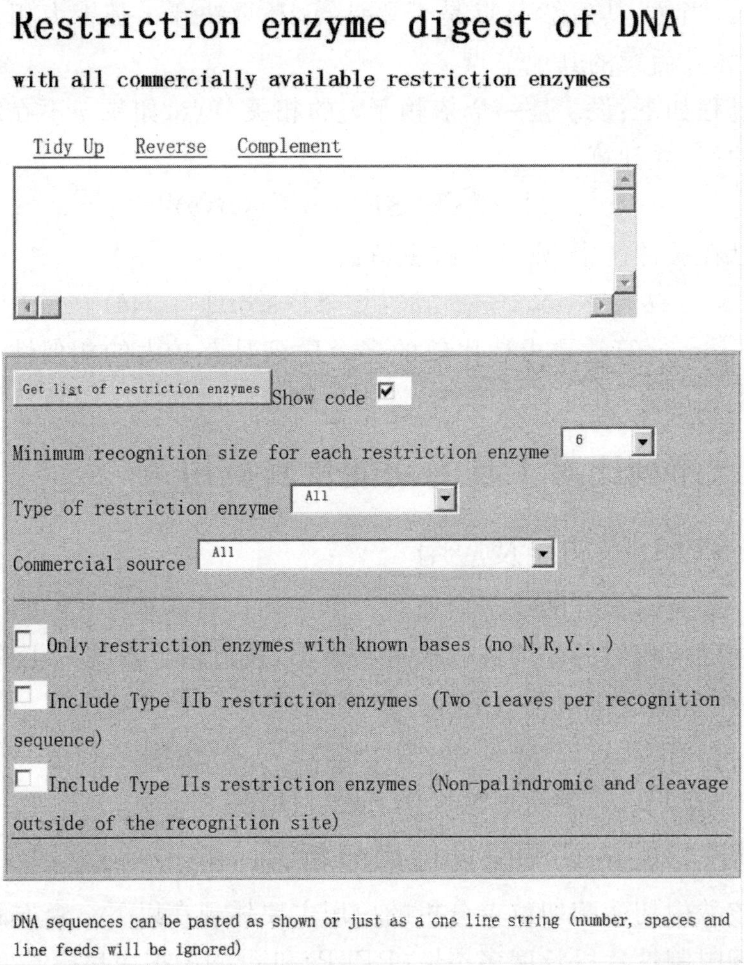

Restriction enzyme digest of DNA

with all commercially available restriction enzymes

Tidy Up   Reverse   Complement

Get list of restriction enzymes Show code ☑

Minimum recognition size for each restriction enzyme 6 ▾

Type of restriction enzyme All ▾

Commercial source All ▾

☐ Only restriction enzymes with known bases (no N, R, Y...)

☐ Include Type IIb restriction enzymes (Two cleaves per recognition sequence)

☐ Include Type IIs restriction enzymes (Non-palindromic and cleavage outside of the recognition site)

DNA sequences can be pasted as shown or just as a one line string (number, spaces and line feeds will be ignored)

图 3-27　在 in-silico 主页中输入所需分析 DNA 序列

[2]点击"Get list of restriction enzymes"就可以得到下图的结果(图3-28)。

Restriction enzymes (cleaves)	Position
●AasI, DrdI, DseDI (1) GACNN_NN' NNGTC	730
●AatI, Eco147I, PceI, SseBI, StuI (1) AGG' CCT	157
●Acc65I, Asp718I (1) G' GTAC_C	254
●AccB1I, BanI, BshNI, BspT107I (2) G' GYRC_C	254 366
●AccBSI, BsrBI, MbiI (2) CCG' CTC	314 555
●AccI, FblI, XmiI (1) GT' MK_AC	30
●AcsI, ApoI, XapI (1) R' AATT_Y	266
●AflIII (1) A' CRYG_T	622
●Alw21I, AspHI, BsiHKAI, Bbv12I (1) G_WGCW' C	264
● Ama87I, AvaI, BsiHKCI, BsoBI, Eco88I, NspIII (1) C' YCGR_G	250
●AseI, PshBI, VspI (2) AT' TA_AT	393 452
●Asp700I, MroXI, PdmI, XmnI (1) GAANN' NNTTC	157
●BamHI (1) G' GATC_C	245
●BanII, Eco24I, EcoT38I, FriOI (1) G_RGCY' C	264
●BbuI, PaeI, SpalI, SphI (1) G_CATG' C	21

11	HindIII
21	BbuI
21	BstNSI
23	BfmI
27	BspMAI
27	SbfI
29	SalI
30	AccI
31	HincII
45	BstDSI
47	MspA1I
48	Cfr42I
68	Bse118I
88	HincII
88	HpaI
157	AatI
157	Asp700I
209	SspI
228	BstENI
239	XbaI
245	BamHI
245	BstX2I
250	Ama87I
250	Cfr9I
252	SmaI
254	Acc65I
254	AccB1I
258	KpnI
262	Ecl136II
264	Alw21I
264	BanII
264	BmyI
264	Psp124BI
266	AcsI
266	EcoRI
314	AccBSI
366	AccB1I
393	AseI
446	MspA1I
446	PvuII
452	AseI
461	CfrI
500	Bsp143II
538	Bsh1285I

图3-28 结果显示

酶切结果提供了限制性核酸内切酶的名称、内切酶识别序列、酶切位点和同一内切酶的酶切次数。

此外,还有限制性酶数据库(REBASE)。REBASE 数据库的网址为 http://rebase. neb. com/rebase/rebase. html。该数据库提供了限制性核酸内切酶的各种信息,包括甲基化酶、相应的微生物来源、识别序列位点、裂解位点、甲基化特异性、酶的商业来源以及参考文献等,但该数据库不提供酶切图谱。

4. DNA 序列的数据库检索示例

在分子生物学实验中,对克隆获得的 DNA 序列,一般要进行如下验证:

①由于 PCR 存在错配,这个序列是否真正所需要的目的序列?

②如果还没有试验验证这些序列的功能,那么它们可能的功能是什么?

为了回答上述问题,目前一般都要将所获得的序列递交到 GenBank 数据库中,用 BLAST 命令进行检索来获得同源性信息,其操作的流程见图3-29。

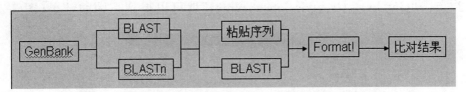

图 3-29 在 GenBank 数据库中进行 DNA 序列 BLAST 的流程

习题

1. 什么是全局比对？在设计全局比对算法时主要考虑哪几点？

2. 现有两条序列分别是 TGAACTCCCTCAGATATTA 和 CGAACCCTCA-CATATTAGCG，假设匹配得分＝1，失配得分＝0，空位罚分＝－1，利用动态规划算法对这两条序列进行比对，画出对应于计算过程的得分矩阵及最优路径，并给出这两条序列最终的比对结果。

3. 什么是局部比对？有哪些优点？通常采样的算法有哪些？

4. 画出下面两条序列的简单点阵图。将第一条序列放在 x 坐标轴上，将第二条序列放在 y 坐标轴上。

TGAACTCCCTCAGAATATTA

CGAACCCTCACATATTAGCG

5. 在进行实际的多重序列比对时，常采用什么样的策略？

6. 观察下列两条序列，你准备采用什么类型的算法对它们进行比对？

GAAGGTTCCCGCCGCTATCGTAT

AAGGTTCCCGAACCGCTATTATC

第4章 序列分析

本章主要介绍 DNA 和蛋白质序列分析的基本内容。包括核酸序列检索、核酸序列的基本分析（碱基组分、限制性酶切分析、重复序列分析）；基因结构分析、表达序列标签分析的基本方法和软件；蛋白质序列基本分析、检索、跨膜区分析，蛋白质亚细胞定位、功能预测等内容。

4.1　核酸序列分析

4.1.1　DNA 序列分析的意义

细胞中催化各种反应的酶、细胞的许多结构的物质组成都是蛋白质。连非蛋白质的构成部分也是由属于蛋白质类的酶所催化生产的。一个人体含有大约 100 000 种不同的蛋白质，正是这 100 000 种蛋白质的特性及其相互作用使我们无所不能。

生物信息绝大部分以基因的形式贮存在 DNA 分子中，这些信息以不同的核苷酸排列顺序编码在 DNA 分子上，即不同基因的核苷酸排列顺序不同。如果核苷酸的排列顺序发生改变，那么它代表的生物学含义也就随之改变。因此，测定 DNA 分子中的碱基排列顺序是分子生物学研究的基本课题之一。建立快速、准确的 DNA 序列分析方法，对于研究基因的结构和功能、揭示生命的奥秘具有十分重要的意义。

序列比较通常在蛋白质水平上进行，或者说在蛋白质翻译中检测远缘序列更为容易一些，因为由 64 个密码子（codon）所组成的遗传密码（genetic code）的冗余被缩减成了 20 个蛋白质的功能单位——氨基酸。因此，蛋白质序列比对的灵敏度较高，更容易发现亲缘关系较远的序列。但从信息论角度看，由 64 个密码子变成 20 个氨基酸残基，这一数量上的减少意味着一些信息的丢失，这些信息又往往与进化过程有更直接的联系，因为蛋白质只是 DNA 遗传变化在功能上的反映。

分子生物学的中心内容就是描述我们从父母获得的遗传信息是如何储存于 DNA 中，它们是如何被用于复制相同的 DNA 副本，如何从 DNA 转录到 RNA 再翻译到蛋白质的。

DNA 是由 4 种脱氧核苷酸(A、T、C、G)形成的线性多聚体,并相互配对。

mRNA 上每 3 个核苷酸翻译成蛋白质多肽链上的一个氨基酸,这 3 个核苷酸就称为一个密码,也叫三联子密码。翻译时从起始密码子 AUG 开始,沿 mRNA5′→3′ 的方向连续阅读直到终止密码子,生成一条具有特定序列的多肽链。

mRNA 中只有 4 种核苷酸,而蛋白质中有 20 种氨基酸,若以一种核苷酸代表一种氨基酸,只能代表 4 种。若以两种核苷酸作为一个密码(二联子),能代表 $4^2=16$ 种氨基酸。而假定以 3 个核苷酸代表一个氨基酸,则可以有 $4^3=64$ 种密码,满足了编码 20 种氨基酸的需要。

由于氨基酸是由三联密码子编码的,因此 DNA 序列就包含三个不同的开放读码框,取决于从第一、第二或第三位核苷酸开始(第四位和第一位同框)。而双链 DNA 的两条链都可以转录 RNA,后者翻译蛋白质。因此,一个 DNA 序列及其互补链可以有 6 个不同的读码框(reading frames)。

根据遗传密码表(表 4-1),理论上可以对任意一个 DNA 序列进行翻译而得到氨基酸序列,即通过寻找连续的编码序列推测其相应的蛋白质序列。

但对任意给定的一段 DNA 序列,很难确定其编码区是否从第一个碱基开始,也不知道其读码方向,因此需先以双链 DNA 的正链为模板,分别从第 1、2、3 个碱基开始,按遗传密码表进行翻译,得到 3 种翻译结果;再以负链为模板,依次从第 1、2、3 个碱基开始翻译,得到另外 3 种翻译结果,最终得到 6 种可能的蛋白质序列。

表 4-1　遗传密码表

首位字母	第二位字母									第三位字母
	T		C		A		G			
T	TTT	Phe	TCT	Ser	TAT	Try	TGT	Cys		T
	TTC		TCC		TAC		TGC			C
	TTA	Leu	TCA		TAA	Stop	TGA	Stop		A
	TTG		TCG		TAG		TGG	Trp		G
C	CTT	Leu	CCT	Pro	CAT	His	CGT	Arg		T
	CTC		CCC		CAC		CGC			C
	CTA		CCA		CAA	Gln	CGA			A
	CTG		CCG		CAG		CGG			G

续表

首位字母	第二位字母							第三位字母
	T		C		A		G	
A	ATT	Ile	ACT	Trh	AAT	Asn	AGT	Ser	T
	ATC		ACC		AAC		AGC		C
	ATA		ACA		AAA	Lys	AGA	Arg	A
	ATG	Met	ACG		AAG		AGG		G
G	GTT	Val	GCT	Ala	GAT	Asp	GGT	Gly	T
	GTC		GCC		GAC		GGC		C
	GTA		GCA		GAA	Clu	GGA		A
	GTG		CCG		GAG		GGG		G

随着测序技术的迅速发展与普及，越来越多的 DNA 序列已被测定并存储在各种分子数据库中（如 GenBank）。对这些序列进行分析，可以获得如下几个方面的信息。

①DNA 碱基组成、密码子的偏向、内部重复序列等。

②序列及所代表的类群间的系统发育关系。

③特殊位点（限制性位点及转录、翻译和表达调控相关信号）。

④内含子/外显子（intron/exon）预测所确定的遗传结构。

⑤开放阅读框（ORF）分析所推导的蛋白质编码序列（coding sequence，CDS）等。

可以用化学方法测定蛋白质的氨基酸序列以及核苷酸序列。可是，就目前来说，测定 DNA 的核苷酸序列比测定 RNA 序列和蛋白质序列容易得多。由于蛋白质序列可以由编码它的 DNA 序列推导出来，许多已知的蛋白质序列其实就是由 DNA 序列推导出来。将 mRNA 转为 DNA（cDNA）是一个简单的实验技术，因此 RNA 分子的序列通常是以 cDNA 序列测定的。序列分析其实就是从已知蛋白质、RNA、DNA 序列作出生物学推论的过程。

本章中我们所探讨的 DNA 序列分析不是传统意义上的 DNA 测序，而是借助生物信息学的方法，以计算机或网络为载体，在已完成 DNA 测序并获得一级结构的目标核酸序列中寻找基因，找出基因的位置和功能位点的位置，以及标记已知的序列模式等的过程。

4.1.2 核苷酸序列的基本分析

1. 核酸序列的分析

核酸序列的分析即在核酸序列中寻找基因,确定基因的位置、功能位点的位置,以及标记已知的序列模式等过程。这一基因搜寻过程中,无论是由单个集成的程序实现,还是通过使用多个专门程序来实现,基本的信息流都是相同的。

如何确定一段 DNA 序列是一个基因? 通常遵循以下规则:①基因编码区和调控区通常不会出现在重复片段区域;②一段 DNA 序列表现出显著的"密码子偏好性",则该序列极可能为蛋白编码区;③与其他基因或基因产物有序列相似性是外显子的强有力证据;④与模板序列的模式相匹配可能指示功能性位点的位置。

已知核酸序列的检索是核酸序列分析最为基本的一个方面。可通过多种方式实现该功能。例如,可通过 NCBI 使用 Entrez(http://www.ncbi.nlm.nih.gov:80/entrez/query.fcgi? db=Nucleotide)系统进行检索,在输入框中输入需要检索的内容,然后点击按钮"Go"即可开始,如图 4-1 所示。

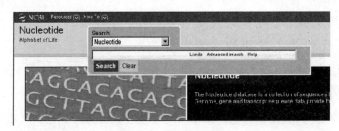

图 4-1 NCBI 检索

同样,也可使用 EBI 的 SRS 服务器(http://srs.ebi.ac.uk/)进行检索。

在进行序列检索时,往往需要同时检索多条序列。这一点可通过逻辑关系式按照 GenBank 接受号进行批量检索。例如,需要检索序列接受号分别为 AFll3671、AFl13672、AFl13673、AFl13674、AFl13675、AFl13676 的序列,可在序列输入框中输入" AFll3671[ac] OR AFl13672[ac] OR AFl13673[ac] OR AFl13674[ac]OR AFl13675[ac]OR AFl13676[ac]",即可同时检索出这些序列。其中,"[ac]"是序列接受号的描述字段。GenBank 数据库中所采用的描述字段详见网址 http://www.ncbi.nlm.nih.gov/Entrezentrezhelp.html♯Search Fields。

2. 核酸序列组分分析

核酸序列的组分分析一般包括分子质量、碱基组成、碱基分布等。通过一些常用的软件如 BioEdit、DNAMAN 等即可直接获得相关信息。

DNA 序列的主要特征是由 4 种不同的碱基类型组成,而这 4 种碱基是以不同比例出现的。例如,同一种基因在不同生物中各碱基所占的比例存在差异(表 4-2)。

表 4-2　不同物种间同一基因的碱基组成

基因	物种	GenBank 登录号	各碱基所占的百分数(%)				序列全长(bp)
			A	G	T	C	
psb A	玉米	NC_001666	35.28	20.32	22.58	21.83	1062
	人参	AY 582139	33.87	21.35	23.42	21.35	1062
	江蓠	NC_006137	36.16	17.17	26.11	20.02	1083
Cyt b	猕猴	NC_005943	29.07	11.82	25.13	33.98	1141
	山羊	NC_005044	31.81	13.15	26.73	28.31	1140
	家犬	NC_002008	29.01	14.02	29.10	27.87	1140

注:psb A 编码植物光系统Ⅱ蛋白;Cyt b 编码细胞色素蛋白

【例 1】使用 DNASTAR 的 EditSeq 程序进行变换。

[1] 运行 DNASTAR,依次打开"File"→"New"→"New DNA",复制与粘贴目的序列,如图 4-2 所示。

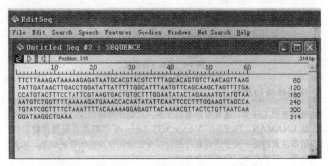

图 4-2　DNASTAR 的 EditSeq 程序界面

[2]寻找原序列的反向序列。

依次点击"Edit"→"Select All"→"Reverse Sequence",即可得到其反向的序列如图 4-3 所示。

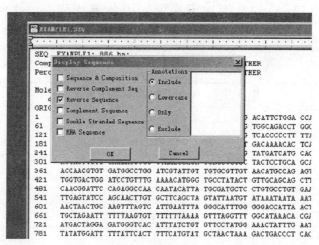

图4-3 反向序列

[3]寻找原序列的反向互补序列。

依次点击"Edit"→"Select All"→"Reverse Sequence",即可得到其反向互补序列,如图4-4所示。

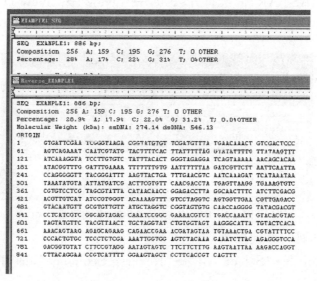

图4-4 反向互补序列

3. 序列变换

在序列分析过程中,根据不同的分析需要,经常要对核酸序列进行各种变换,如寻找序列的互补序列、反向序列、反向互补序列等。常见的生物学软件就集成这类功能,很容易实现序列的自由变换,如DNAMAN、Primer Premier、DNAS-TAR(http://www.dnastar.com/)等。DNAMAN软件是最常用的,可以轻松实现上述转换,这些功能集中在Sequence-Display,从中可选择不同的序列变换方式对当前通道的序列进行转换。例如,对一个短序列进行变换后的结果如下。

原始序列	5′-ATGAGCGTCT TCCTGCGAAA GCAATGCCTC TGCCTAGGCT-3′
反向序列	3′-TCGGATCCGT CTCCGTAACG AAAGCGTCCT TCTGCGAGTA-5′
互补序列	3′-TACTCGCAGA AGGACGCTTT CGTTACGGAG ACGGATCCGA-5′
反向互补序列	5′-AGCCTAGGCA GAGGCATTGC TTTCGCAGGA AGACGCTCAT-3′
DNA 双链	5′-ATGAGCGTCT TCCTGCGAAA GCAATGCCTC TGCCTAGGCT-3′
	3′-TACTCGCAGA AGGACGCTTT CGTTACGGAG ACGGATCCGA-5′
RNA 序列	5′-AUGAGCGUCU UCCUGCGAAA GCAAUGCCUC UGCCUAGGCU-3′

4. 限制性酶切分析

在分子生物学实验中,经常用到限制性核酸内切酶酶切分析。比如在进行限制性片段长度多态性和 cDNA 扩增片段长度多态性分析时,试验前要对所有目的基因进行限制性核酸内切酶酶切的理论分析,初步确定条带的长度和多态性;在基因克隆时,要对目的基因片段和载体进行酶切分析,以选择适当的限制性核酸内切酶对克隆位点进行酶切。

在克隆和基因工程中,通常要对基因序列的限制性酶切位点进行分析。常用的生物学软件,如 DNAMAN、BioEdit、Vector NTI Advance 等都具有限制性酶切位点分析功能。但值得注意的是,几乎所有软件都没有考虑酶切位点前的保护碱基,因此限制性酶切分析结果,只能作为一种预测和参考。

在实际进行分子生物学实验中,有时需要对多条相关序列(如发生突变的一批序列)同时进行酶切分析,以便为后续的克隆鉴定提供参考。此时 DNAMAN 软件是一个良好的选择。在对所有序列进行多重对齐后,其输出项"Output"中即有"Restriction Analysis"选项,执行后即可完成对所有参与对齐序列的酶切分析,能够得到所有序列的差异酶切图谱和一致酶切图谱。

5. 重复序列分析

脊椎动物基因组中各种重复序列占有很高的比例。目前已经开发了一批重复序列数据库,如 RepBase(http://www. girinst. org/server/RepBase/)。著名的 Repeat Masker 软件就是基于该数据库进行工作(http://ftp. genome. washington. edu/cgibin/RepeatMasker),使用该程序可以进行重复序列片段分析。利用 RepeatMasker 软件分析重复序列的网络界面见图 4-5。

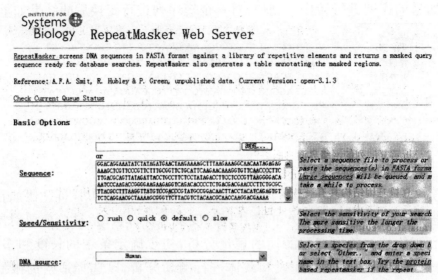

图 4-5　利用 RepeatMasker 软件分析重复序列的网络界面

6. 克隆检测分析

　　克隆测序分析也是分子生物学试验中的日常操作之一。一般情况下,单次测序反应将产生 300～500bp 的核酸序列。这一过程可通过手工测序或者全自动测序仪完成。将测序峰图识别为序列的过程称为碱基读出。得到测序结果后,需要对所测序列进行后续分析,其中主要包括对测序峰图的查看和载体序列的去除等过程。

　　(1)测序峰图的查看

　　最简单的程序是澳大利亚的 Conor McCarthy(http://trishul. sci. gu. edu. au. /~conor/)开发的 Chromas. exe 程序,但该程序不支持 Windows 95 以上的长文件名。其实,集成化的软件如 BioEdit 和 DNAMAN 也具有此功能。

　　(2)核酸测序中载体的识别与去除

　　许多数据库中收集了常用的测序载体序列,如表 4-3 所示。

表 4-3　测序载体序列数据库网址

数据库	网址
vector-ig	ftp://ncbi. nlm. nih. gov/repository/vector-ig ftp://ncbi. nlm. nih. gov/repository/vector

数据库	网址
UniVec 数据库	http://www.ncbi.nlm.nih.gov/VecScreen/VecScreen.html http://ftp.ncbi.nlm.nih.gov/blast/db/vector.Z
VectorDB	http://www.atcg.com/vectordb/

如果用户面对的是大批量序列的分析任务,则需要将这些载体数据库下载后进行分析。使用 Blast 程序(http://www.ncbi.nlm.nih.gov/VecScreen/VecScreen.html)对此类数据库进行相似性分析即可得知目的序列中是否含有载体序列。如果是,那么在对测序列数据进行进一步分析之前必须将载体序列去除。此过程虽然简单,在核酸序列数据库中仍有一些序列含有载体序列的污染。

美国基因编码公司(Gene Codes Cpoeia)所开发的 SequencherTM 软件在识别载体序列方面具有很强的功能。SequencherTM 软件被多个公司用于测序数据的分析和管理。该分司同时提供该软件的演示版,可通过其网址(http://www.genecodes.com/home.html)获得。

运行 SequencherTM 软件后,选择 File→Import→Sequences,选择待进行载体序列分析的测序文件。该测序文件可为文本格式的序列文件,也可为测序峰图文件,甚至可将一个目录下的所有的文件一次性输入。编辑载体序列文件,在 Name 中填写载体名称,在 PolyLinker 处填写克隆插入位点的两侧序列,中间插入位点用星号(*)标识。选中待进行载体序列切除的序列图标,选择 Sequence→Trim Vector,将得到切除结果。点最上方的 Show Bases 按钮,将显示具体序列。SequencherTM 软件可识别的载体序列文件也可来自 VecBase 数据库。

7. 核酸序列的电子延伸

目前的基因技术,人们只能获得 EST 序列或较长的 cDNA 序列,全长的 cDNA 序列的获得一直是制约新基因发现的瓶颈。在实验方面,通过筛选 cDNA 文库或通过 RACE 实验室去获得新基因的全长 cDNA 序列均需要投入较大的精力。公共数据库如 GenBank/EMBL,已经拥有了大量的表达序列标签(EST)。这些 EST 序列在很多时候和研究者所感兴趣的基因序列相重叠,可能代表了同一条 cDNA 序列。因而,从生物信息学的原理出发,基于公共数据库中的 EST 序列或较长 cDNA 对新获得的 EST 序列进行电子眼神,就成为很多研究者关注的焦点。

核酸序列的电子延伸的基本过程如下:

①将待分析的核酸序列(称为种子序列)采用 Blast 软件搜索 GenBank 的

EST(表达序列标签)数据库,选择与种子序列具有较高同源性的 EST 序列(一般要求在重叠 40 个碱基范围内有 95% 以上的同源性),称为匹配序列。

②将匹配序列和种子序列装配产生新生序列,此过程称为片段重叠群分析。

③然后再以此新生序列作为种子序列,重复上述过程,直到没有新的匹配序列入选,从而生成最后的新生序列,作子种子序列的延伸产物。

在 GCG 软件包中,于完成序列的电子延伸过程所用工具如下:

①gelstart 程序为测序工程创建一个新的数据库。

②gelenter 程序将克隆序列输入数据库。

③gelmerge 程序自动分析克隆和片段末端重复情况。

④gelassemble 调整片段重叠群的对齐结果。

⑤gelview 显示单个片段重叠群中的重叠情况。

⑥geldisassemble 将片段重叠群中的克隆分解为单个克隆序列。

GenBank 和 UniGene 数据库、Tigem 的 EST Machine、EMBL 的 EST Cluster Project、美国 Pangea 的 EST Assembly Project 以及我国南方基因组中心的 EST Assembly Project 基本上采用此方式进行。由于该过程的计算需要大量计算机资源,所以目前沿无通过 Web 直接进行片段重叠群分析的资源。在实际分析时,用户一般将自己的序列向上述数据库提交,可直接从其中获得已经完成拼接得较长的 cDNA 序列。

4.1.3 基因结构分析

1. 真核生物基因结构

大多数真核基因都是由蛋白质编码序列和非蛋白质编码序列两部分组成的。编码序列称为外显子(exon),非编码序列称为内含子(intron)。在一个结构基因中,编码某一蛋白质序列不同区域的各个外显子并不连续排列在一起,而常常被长度不等的内含子所隔离,形成镶嵌排列的断裂方式,所以,真核基因有时被称为断裂基因(interrupted gene)。在基因转录、加工产生成熟 mRNA 分子时,内含子通过剪接加工被去掉,保留在成熟 mRNA 分子中的外显子被拼接在一起,最终被翻译成蛋白质。因此通过反转录酶的作用,由成熟 mRNA 产生的 cDNA 分子中,只含有外显子,没有内含子。

比较 mRNA 及其结构基因的顺序可以确定外显子和内含子之间的连接部位,发现在连接部位附近的碱基组成是很保守的,即各种基因的内含子和外显子的连接处都有共同的顺序:

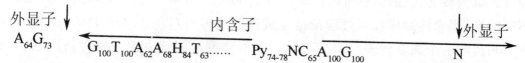

式中箭头表示内含子与外显子的末端,字母右下角的数字表示出现的百分数。各种基因的内含子毫不例外都以 GT 开始 AG 结束,这种规律通常叫 GT-AG 法则。

除 GT-AG 规律外,其附近的 6～11 个核苷酸顺序从哺乳动物到昆虫,从人到植物都十分相似,这些顺序显然与 RNA 前体的剪接有关。此外,内含子与外显子是相对的,有时一个基因的内含子可能是另一个基因的外显子。

真核基因的结构如图 4-6(从 5′端往 3′看):①5′ UTR 区(UTR—Untranslated region)。这一区域内有一些起控制作用的"字",通常为蛋白质的结合位点,如启动子(promotor)、增强子(enhancer)等;②起始密码子,如 ATG(编码甲硫氨酸);③编码区;④终止密码子,如 TAG、TAA、TGA;⑤3′ UTR 区,即结束转录过程的信息。

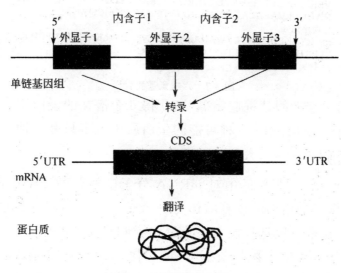

图 4-6　真核基因结构模式

DNA 和 RNA 中都有非翻译区 UTR,它们位于完整编码序列(Complete Coding Sequence,CDS)的上游和下游,不能翻译成蛋白质序列。非翻译区,尤其是 3′端的非翻译区,在不同基因和不同种属中都有很高的特异性。

2. 六框翻译

如图 4-7 给定一个 DNA 序列,可以利用遗传密码将其翻译为蛋白质序列,这种方式称为概念性翻译(conceptual translation)。与基于生化实验的蛋白质翻译不同的是,概念性翻译仅通过理论推导或计算获得。对任意一个 DNA 序列,可能并不知道哪一个碱基代表 CDS 的起始,也不知道其阅读方向。这种情况下,不妨试用六框翻译(six-frame translation)。[①]

查询序列
```
  1 ggccagatgg aacatattgc tttcgggagc acaaggatcg ggtctactac gtctcggagc
 61 ggattttgaa gctgagcgag tgcttcggct acaagcagct ggtgtgcgtg ggcacctgct
121 tcggcaagtt ctccaagacc aacaaactga agtccatat cacggcgctc tactacttgg
181 cgccctacgc ccagtacaag gtgtgggtga agccctcctt cgagcagcag tttctctacg
```
六框翻译氨基酸
正向序列 1
GQMEHIAFGSTRIGSTISRSGF*S*ASASATSSWCAWAPASASSP
RPTN*SSISRRSTTWRPTPSTRCG*SPPSSSSFST
正向序列 2
ARWNILLSGAQGSGLLRLGADFEAERVLRLQAAGVRGHLLRQV
LQDQQTEVPYHGALLLGALRPVQGVGEALLRAAVSLR
正向序列 3
PDGTYCFREHKDRVYYVSERILKISECFGYKQLVCVGTCFGKFS
KTNKLKFHTTALYYLAPYAQYKVWVKPSFEQQFLY
反向序列 1
RRETAARRRASPTPCTGRRAPSSRAP*YGTSVCWSWRTCRSRCP
RTPAACSRSTRSASKSAPRRSRPDPCAPESNMFHLA
反向序列 2
VEKLLLEGGLHPHLVLGVGRQVVERRDMELQFVGLGELAEAGA
HAHQLLVAEALAQLQNPLRDVVDPILVLPKAICSIW
反向序列 3
PRNCCSKEGFTHTLYWAGAKSAVIWNFSLLVLENLPKQVPI'HTS
CLPKHSLSFKIRSETTRSLCSRKQYVPSG
(*代表一个终止密码子)

图 4-7 六框氨基酸翻译

六框翻译通过移动阅读框起始碱基,获得 6 个潜在的蛋白质序列。其中,3 个是正向翻译,3 个是反向翻译,6 种可能的蛋白质中至多只有一种是正确的。

3. ORF 预测

ORF(阅读框)预测即翻译中对 mRNA 分子中核苷酸序列的阅读方式,从起始密码子开始,每三个相邻的核苷酸作为一个密码子。不同的阅读方式可产生不同的翻译结果。通常可以选择没有终止密码子(TGA、TAA 或 TAG)的最大读码框。通过终止密码子,很容易判断 ORF 的结尾;而 ORF 的起始位点却不能仅根据起始密码子 ATG 确定,因为 ATG 既可以是起始密码子,也可以用于编码蛋氨酸。由于蛋氨酸在编码序列内部经常出现,因此 ATG 并不一定是 ORF 起始标志,有必要通过其他方法找到 5′端编码区起始位点。

要识别 DNA 中蛋白质编码区,可采用以下一些规律:

①与已知同源蛋白进行序列比对,是基因识别最可靠的方法。

---

① 蔡禄·生物信息学教程·北京:化学工业出版社,2006

②若在起始密码子上游发现核糖体结合位点,则可以肯定找到了一个 ORF,因为核糖体结合位点引导核糖体结合到正确的翻译起始部位。

③编码序列起始部位是否有冈崎片段(Okazaki fragment),也可用于确定编码区起始位点。

④许多物种密码子第 3 个碱基倾向使用 G 或 C 而非 A 或 T。故该位置上 G/C 出现的频率较高,这一特征可进一步用于确定 ORF。

⑤根据编码区和非编码区碱基分布的不同统计规律,即密码子使用的偏爱性。

⑥统计学显示,随机出现较长 ORF 的概率很小,故当 ORF 长度达到一定程度时,可以认定其为编码序列。

按照 6 个阅读框的规则将遗传密码可能的 ORF 识别出来。图 4-8 显示了 ORF FINDER 的输入界面,既可以输入一个已知序列的 GenBank 接受号,也可以直接输入一段 cDNA/mRNA 序列;针对不同的物种,尚需选择不同的遗传密码规则;最后点击 OrfFIND 按钮即可获得 ORF 结果。

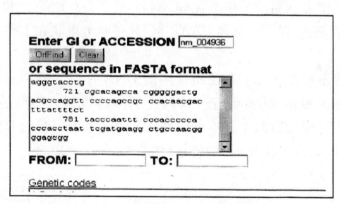

图 4-8　OrfFIND 的输入界面

4. 启动子及转录因子结合位点分析

启动子是指在基因上由 RNA 聚合酶识别、结合并确定转录起始位点的特定序列,通常包括转录因子结合点、核心启动序列和上下游相关的调控元件。原核生物具有多个基因共享一个启动子的操纵子结构,原核生物的启动子有两个保守序列,即位于−10 的 Pribnow 框(TATAAT)和位于−35 的识别区。与原核生物不同,每个真核生物的基因都有自己的启动子。真核生物的启动子有 3 类,分别由 RNA 聚合酶 I、II 和 III 进行转录。[①]

① 孙清鹏·生物信息学教程·北京:中国林业出版社,2012

真核基因的启动子一般由以下 3 个元件构成：

（1）GC 框（GC box）

在-80～110 区域含有 GCCACACCC 或 GGGCGGG 序列。功能与 CAAT 框相同，也是一主要控制转录起始的频率。

（2）CAAT 框（CAAT box）

真核生物基因的启动子在－70～－80 区域含有 CCAAT 序列，共有序列为 GGCC(T)CAATCT。主要控制转录起始的频率。兔的 β 珠蛋白基因的 CAAT 框变成 TTCCAATCT，其转录效率只有原来的 12％。

（3）TATA 框（TATA box）

真核生物基因的启动子在－25～－35 域含有 TATA 序列，是 RNA 聚合酶Ⅱ识别和结合位点。由于该序列前 4 个碱基为 TATA，所以称为 TATA 框。一般有 8 bp，改变其中任何一个碱基都会显著降低转录活性。如人类的 β 珠蛋白基因启动子中 TATA 序列发生突变，β 珠蛋白产量就会大幅度下降而引起贫血症。

以上 3 种序列具有重要功能，但并不是每个基因的启动子区域都包含 3 种序列。如组蛋白 H2B 基因启动子中不含 GC 框，但有 2 个 CAAT 框和 1 个 TATA 框；SV40 的早期基因缺少 TATA 框和 CAAT 框，只有 6 个串联在上游－40～－110 区域的 GC 区。

启动子前后还有若干其他有控制作用的 DNA 片段。特别是在真核生物中，这些控制片段更为多样，从而更有效地调控基因的表达。典型的启动子常包含 TATA 和 CAAT 等片段，但也有不少例外。各种转录因子帮助 RNA 聚合酶结合到控制片段上，启动和完成 RNA 的转录（图 4-9）。

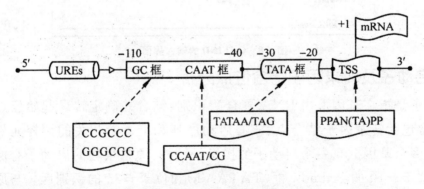

图 4-9 真核生物的启动子结构

（引自：计算机科学，2009，36(1)：5-9，33）

5. 重复序列分析

原核基因组中除 rRNA、tRNA 基因有多个拷贝外，重复序列（repetitive se—

quences)不多。哺乳动物基因组中则存在大量重复序列(Xing et al.,2009)。复性动力学等实验表明有3类重复序列。

①单拷贝序列(single copy sequences)。这类序列基本上不重复,占哺乳类基因组的50%～80%,在人基因组中约占65%。绝大多数真核生物中蛋白质编码的基因在单倍体基因组中都不重复。

②中度重复序列(moderately repetitive sequences)。这类序列多数长100～500bp,重复10～10^5次,占基因组10%～40%。例如,哺乳类中含量最多的一种称为Alu的序列,长约300bp,在哺乳类动物不同种属间相似,在基因组中重复$3×10^5$次,在人的基因组中约占7%,功能还不是很清楚。在人的基因组中18S/28S rRNA基因重复280次,5S rRNA基因重复2000次,tRNA基因重复1300次,5种组蛋白的基因串连成簇重复30～40次,这些基因都可归入中度重复序列范围。

③高度重复序列(highly repetitive sequences)。这类序列一般较短,长10～300bp,在哺乳类基因组中重复10^6次左右,占基因组DNA序列总量的10%～60%,人的基因组中这类序列约占20%,功能还不明确。

由于重复序列的大量存在常会影响序列的正确分析,如影响数据库的搜索和同源性分析,或导致错误的功能注释等,因此在对真核基因进行分析前,最好能把重复序列找出来,并从序列中屏蔽掉。

6. CpG岛

CpG岛是在哺乳类动物基因组中的一个500bp到3000bp的区域,该区域中的二核苷酸CpG的含量比其他区域的正常水平要高。通常,与此相关的是真核生物管家基因的启动子区域。对人类基因组全长序列的分析结果表明,大约有45000这样的岛,并且有一半左右与已知的管家基因(housekeeping gene)是有关联的,其余的CpG岛有许多似乎是和组织特异性基因的启动子相关联的。CpG岛具有抵抗序列甲基化的作用。CpG岛很少出现在不含基因的区域和那些发生多次突变的基因中。在大多数真核细胞DNA中,CpG岛与甲基化修饰密切相关。由于甲基化后的胞嘧啶较易突变为胸腺嘧啶,因此,甲基化作用可能是导致CpG在整个基因组中含量极少的主要原因。

7. 3′UTR区

多数真核生物mRNA具有poly(A)尾巴,是在转录后经poly(A)聚合酶的作用而添加上去的。其长度因mRNA种类不同而变化,一般为40～200个。研究发现,几乎所有真核基因的3′末端转录终止位点上游15～30bp处的保守序列AAUAAA对于初级转录产物的切割及加poly(A)是必需的。真核细胞mRNA3′

末端的 poly(A)是在转录后经 polyA 聚合酶的作用而添加上去的。原核生物的 mRNA 一般无 poly(A)。

4.1.4 表达序列标签分析

1. cDNA 文库与表达标签

cDNA 是指与 RNA 序列互补的 DNA,由 RNA 启动的 DNA 聚合酶或反转录酶合成。这种酶的单链 DNA 产物(反转录物)可用 DNA 启动的 DNA 聚合酶转换成双链形式,并插入合适的载体成为一个 cDNA 克隆。cDNA 克隆是成熟 mRNA 分子的拷贝,不含任何内含子序列,因而只要与克隆载体上合适的启动子序列相连接,就很容易在任何一种生物体内表达。一个 cDNA 文库中包含多个 cDNA 克隆,可用于后续的序列分析。

表达序列标签(EST)是从 cDNA 文库中生成的一些很短的序列(300~500 bp),它们代表在特定组织或发育阶段表达的基因,有时可代表特定的 cDNA。EST 可能是编码的,也可能不是,而两端有重叠序列的 EST 可以组装成全长的 cDNA 序列。因此,EST 的研究与表达分析可以作为一种发现新基因的有效方法。

(1)EST 与 cDNA 的关系

图 4-10 为 EST 与 cDNA 以及 CDS 和 UTR 之间的关系。应用自动测序系统,对每个 cDNA 克隆的一种读法可以产生一个 EST。有的方法采用的引物可能使一个克隆产生两种读法,一个从 5′端起始,另一个从 3′端起始。

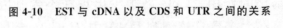

图 4-10 EST 与 cDNA 以及 CDS 和 UTR 之间的关系

———— EST; ▬▬▬ CDS; ·········· UTR

值得一提的是,虽然全长 cDNA 序列分析十分重要,但并非总能获得全长序列的信息。事实上,现阶段基因数据库中收录的 DNA 序列数据绝大许多都不是全长的,而是 EST。

(2)EST 要素

在进行 EST 分析时,需要注意以下几点。

①EST 序列中除了 A、G、T、C 外,可能出现未知碱基 N。

②EST 序列中可能出现错误的插入或缺失，导致翻译时读码框移位（frame shifts）。

③某个 EST 序列是数据库中另一序列的一个片段。

④某个 EST 序列不在基因的编码区。

EST 序列测定的典型方法是利用荧光设备读取测序电泳胶上的数据。尽管电泳分析软件已经十分完善，但它还是不能确定序列中某些位点上的碱基。最终序列中会出现一些其他字母。IUB-IUPAC 编码见表 4-4。

表 4-4　IUB-IUPAC 编码

符号	代表的碱基	符号	代表的碱基
A	A	Y	C 或 T 或 U
C	C	K	C 或 T
T/U	G	V	A 或 G 或 C
M	A 或 C	H	A 或 C 或 T
R	A 或 G	D	A 或 G 或 T
W	A 或 T	B	C 或 G 或 T
S	C 或 G	X/N	G 或 A 或 T 或 C

2. ETS 数据库

关于 EST 的最常见的问题是"这个 EST 能代表一个新的基因吗？。要回答这个问题，通常要去数据库中寻找答案。如果搜索结果显示没有找到相似性程度较高的序列，这时并不意味着已经找到了一个新基因。因为这个 EST 也许是一个已知基因的非编码区，而这个非编码区正好不在数据库内。如果通过数据库搜索没有找到匹配序列，那就意味着两种可能。一种可能是该 EST 是一个 CDS，而数据库内尚无它的同源序列。另一种可能则是该 EST 是一段数据库没有收录的非编码序列。对 EST 搜索结果而言，关键在于确定究竟属于以上两种情况中的哪一种。

当然，数据库检索也存在一定的局限性，即一定的序列在数据库中无法搜寻到匹配的同源序列，而单纯的相似性匹配算法也可能导致错误的结论。[①]

3. ETS 分析

尽管 EST 本身是不完整的甚至可能是不精确的 DNA 序列，但 EST 分析将为确定全长 CDS 和寻找新基因提供有价值的线索。

EST 分析工具很多,除商用的(如 Incyte-LifeTools)外,公用的工具通常分为序列组装(sequence assembly)、序列相似性查询(sequence similarity search)、序列聚类(sequence cluster)3 类。

(1)组装工具

用一个"探针"序列在数据库中搜索可获得与之相匹配的 EST 序列,通常需要对这些 EST 序列进行对位排列(sequence alignment)以获得一致性序列。下一轮搜索得到的 EST 同样也应参与对位排列。这种反复的对位排列工作称为序列组装。相关的软件工具有 Staden 组装器、TIGR 组装器和 Phrap 等。

(2)相似性查询工具

序列相似性查询工具有 BLAST、tBLASTn、BLASTx、tBLASTx、FASTA。其中 BLAST 系列可用于 EST 查询。tBLASTn 可以翻译 DNA 数据库,BLASTx 翻译输入数据,tBLASTx 则两者均可。FASTA 亦有类似的功能。

(3)聚类工具

序列聚类工具是指将一个大的序列集合分解成亚集(subset)或簇(cl uster)的计算机软件,如果不同序列之间有一段重叠序列,并且超过一定长度,这两段序列就应该能拼接在一起,从而聚为一类。一个可靠而有效的 EST 聚类方法将减小数据集的冗余度,节省数据库搜索时间。总之,如果已得到大量的 EST 序列,并且需要估计出它们所代表基因的数目时,聚类工具就显得特别重要。

EST 聚类的一种策略是用已知的基因去引导 EST 的划分。EST 可以从各种各样的 DNA 和蛋白质序列数据库中搜索出来并聚合成代表单一基因的集合。一般来说,这种方法可能产生出与数据库中任何一段序列不相匹配的 EST 簇。从一个给定的文库中得到不相匹配的 EST 的比例约为 40%。随着基因组测序项目的增加,将有更多的信息被提供,这个比例值还会继续降低。因而,需要更新的方法(如重叠鉴定)来聚合剩余的序列。

另一种策略是先聚合所有的 EST 以产生一个代表每个集合的一致性序列,然后仅用这个一致性序列去进行数据库检索。这是一个较为理想的方案,因为它显著地减少了相似性检索的数量。然而,这种策略的成功很大程度上依赖于 EST 聚类的可靠性,而 EST 聚类又与 EST 数据的质量密切相关。

估算 EST 文库所代表基因的数目是一项较为复杂的工作,因为不相匹配的 EST 也许并不代表不同的基因。以下两种情况应当被考虑。首先,如图 4-11(a)所示,一个簇(图中的 C)可能与一个基因的非特征区相对应,另一种可能是该基因的特征区对应多个簇(图中的 A 和 B)。其次,如图 4-11(b)所示,可能有两个或更多的未匹配簇(图中的 D 和 E)对应于同一个基因的不同区域。如果将所有不相匹配的 EST 簇都算做基因的话,所估计的基因总数将明显偏高。

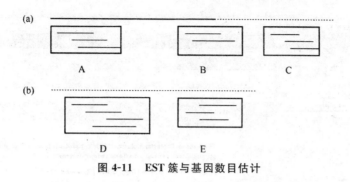

图 4-11 EST 簇与基因数目估计

—— 数据库中的基因序列; ……… 数据库中没有的基因序列; —— EST

4.2 蛋白质序列分析

4.2.1 蛋白质序列分析的意义

如果 cDNA 序列包含一个完整的蛋白质编码区,那么下一步则是分析所编码的蛋白质的功能。蛋白质的序列的生物信息学分析是从理论分析迈向实验研究的最为重要的部分。如果拟对感兴趣的基因投入试验研究,那么,基于生物信息学获得尽可能多的关于该基因/蛋白质的信息是十分必要和极其重要的,尤其是党采用生物信息学的分析得到其结构域的信息后,将对研究思路的制定提供重要的指导信息。

4.2.2 蛋白质序列的基本性质分析

蛋白质序列的基本性质分析是蛋白质序列分析的基本方面。主要包括氨基酸组成、分子质量、等电点、亲水性、疏水性、信号肽、跨膜区及结构功能域的分析等。

蛋白质的很多功能特征可直接由分析其序列而获得。例如,疏水性图谱可通知来预测跨膜螺旋。同时,也有很多短片段被细胞用来将目的蛋白质向特定细胞器进行转移的靶标(其中最典型的例子是在羧基端含有 KDEL 序列特征的蛋白质将被引向内质网。

1. 蛋白质序列分析

与核酸序列分析一样,蛋白质检索序列检索往往是序列分析的第一步。从

NBCI 上 http://www.ncbi.nlm.nih.gov/进行检索。在输入框输入要查询的内容,点击 search 标签(图 4-12)。

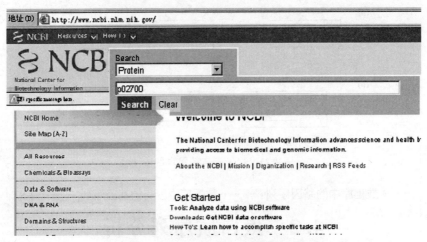

图 4-12　NCBI 核酸序列检索界面网络界面

点击 P02700 可得到 GenBank 格式的详细信息,如图 4-13 所示。

RecName: Full=Rhodopsin

Swiss-Prot P027002
FASTA Graphics

Go to: ▼

```
LOCUS       OPSD_SHEEP              348 aa          linear   MAM 10-AUG-2010
DEFINITION  RecName: Full=Rhodopsin.
ACCESSION   P02700
VERSION     P02700.2  GI:129212
DBSOURCE    UniProtKB: locus OPSD_SHEEP, accession P02700;
            class: standard.
            created: Jul 21, 1986.
            sequence updated: Feb 1, 1991.
            annotation updated: Aug 10, 2010.
            xrefs: 00SH
            xrefs (non-sequence databases): ProteinModelPortal:P02700,
            SMR:P02700, HOVERGEN:HBG107442, GO:0016021, GO:0060342, GO:0042622,
            GO:0005886, GO:0004930, GO:0046872, GO:0009881, GO:0007602,
            GO:0018298, GO:0007601, InterPro:IPR000276, InterPro:IPR017452,
            InterPro:IPR001760, InterPro:IPR000732, InterPro:IPR019477,
            Pfam:PF00001, Pfam:PF10413, PRINTS:PR00237, PRINTS:PR00238,
            PRINTS:PR00579, PROSITE:PS00237, PROSITE:PS50262, PROSITE:PS00238
KEYWORDS    Acetylation; Chromophore; Direct protein sequencing; Disulfide
            bond; G-protein coupled receptor; Glycoprotein; Lipoprotein;
            Membrane; Metal-binding; Palmitate; Phosphoprotein; Photoreceptor
            protein; Receptor; Retinal protein; Sensory transduction;
            Transducer; Transmembrane; Transmembrane helix; Vision; Zinc.
SOURCE      Ovis aries (sheep)
  ORGANISM  Ovis aries
            Eukaryota; Metazoa; Chordata; Craniata; Vertebrata; Euteleostomi;
            Mammalia; Eutheria; Laurasiatheria; Cetartiodactyla; Ruminantia;
            Pecora; Bovidae; Caprinae; Ovis.
REFERENCE   1 (residues 1 to 348)
  AUTHORS   Pappin,D.J.C., Elipoulos,E., Brett,M. and Findlay,J.B.C.
  TITLE     A structural model for ovine rhodopsin
  JOURNAL   Int. J. Biol. Macromol. 6, 73-76 (1984)
  REMARK    PROTEIN SEQUENCE.
            DOI: 10.1016/0141-8130(84)90066-7
REFERENCE   2 (residues 1 to 348)
  AUTHORS   Brett,M. and Findlay,J.B.
  TITLE     Isolation and characterization of the CNBr peptides from the
```

(a)

图 4-13　GenBank 格式的详细信息

```
REFERENCE   2  (residues 1 to 348)
  AUTHORS   Brett,M. and Findlay,J.B.
  TITLE     Isolation and characterization of the CNBr peptides from the
            proteolytically derived N-terminal fragment of ovine opsin
  JOURNAL   Biochem. J. 211 (3), 661-670 (1983)
   PUBMED   6224479
  REMARK    PROTEIN SEQUENCE OF 1-111 AND 144-239.
REFERENCE   3  (residues 1 to 348)
  AUTHORS   Findlay,J.B., Brett,M. and Pappin,D.J.
  TITLE     Primary structure of C-terminal functional sites in ovine rhodopsin
  JOURNAL   Nature 293 (5830), 514-317 (1981)
   PUBMED   7278988
  REMARK    PROTEIN SEQUENCE OF 240-348.
REFERENCE   4  (residues 1 to 348)
  AUTHORS   Pappin,D.J. and Findlay,J.B.
  TITLE     Sequence variability in the retinal-attachment domain of mammalian
            rhodopsins
  JOURNAL   Biochem. J. 217 (3), 605-613 (1984)
   PUBMED   6370231
  REMARK    RETINAL-BINDING SITE.
REFERENCE   5  (residues 1 to 348)
  AUTHORS   Thompson,P. and Findlay,J.B.
  TITLE     Phosphorylation of ovine rhodopsin. Identification of the
            phosphorylated sites
  JOURNAL   Biochem. J. 220 (3), 773-780 (1984)
   PUBMED   6466303
  REMARK    PHOSPHORYLATION AT SER-334; THR-335; THR-336; SER-338 AND SER-343.
COMMENT     On Mar 15, 2005 this sequence version replaced gi:71927.
            [FUNCTION] Photoreceptor required for image-forming vision at low
            light intensity. Required for photoreceptor cell viability after
            birth. Light-induced isomerization of 11-cis to all-trans retinal
            triggers a conformational change leading to G-protein activation
            and release of all-trans retinal (By similarity).
            [BIOPHYSICOCHEMICAL PROPERTIES] Absorption: Abs(max)=495 nm.
            [SUBUNIT] Homodimer (By similarity).
            [SUBCELLULAR LOCATION] Membrane; Multi-pass membrane protein.
            Note=Synthesized in the inner segment (IS) of rod photoreceptor
            cells before vectorial transport to the rod outer segment (OS)
            photosensory cilia (By similarity).
            [TISSUE SPECIFICITY] Rod shaped photoreceptor cells which mediates
            vision in dim light.
            [PTM] Contains one covalently linked retinal chromophore (By
            similarity).
            [SIMILARITY] Belongs to the G-protein coupled receptor 1 family.
            Opsin subfamily.
FEATURES             Location/Qualifiers
     source          1..348
                     /organism="Ovis aries"
                     /db_xref="taxon:9940"
     gene            1..348
                     /gene="RHO"
     Protein         1..348
```

（b）

图 4-13　GenBank 格式的详细信息（续）

2. 疏水性分析

位于 ExPASy 的 ProtScale 程序（http://www.expasy.org/cgi-bin/protscale.pl）可被用来计算蛋白质的疏水性图谱。该网站充许用户计算蛋白质的 50 余种不同属性，并为每一种氨基酸输出相应的分值。输入的数据可为蛋白质序列或 SWIS-SPROT 数据库的序列接受号。需要调整的只是计算窗口的大小（n）该参数用于估计每种氨基酸残基的平均显示尺度。

进行蛋白质的亲/疏水性分析时，也可用一些 Windows 下的软件如 bioedit、dnaman 等。

【例 2】用 BioEdit 分析羊 POSD 蛋白质序列亲水性/疏水性。

［1］载入序列。

运行 BioEdi 依次打开"file"→"Open"，选择待分析的目的序列（FAATA）格式，打开序列的界面如图 4-14 所示。

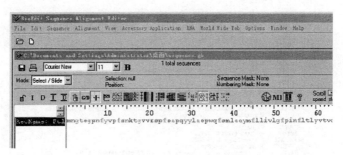

图 4-14　打开序列

[2]亲水性/疏水性分析。

返回菜单栏,"Sequence"→"Protein"→ "Kyte&Doolittle Mean Hydrophobicity Profile",设置窗口大小参数 n,默认值为 13,即显示 $9(=n-4)$ 到 $17(=n+4)$ 位之间疏水性的平均值。如果序列中带有空位,可选中"Perform Degapped"去除空位以减少空位罚分造成的影响,如图 4-15 所示。

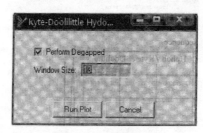

图 4-15　参数选择

[3]分析结果显示。

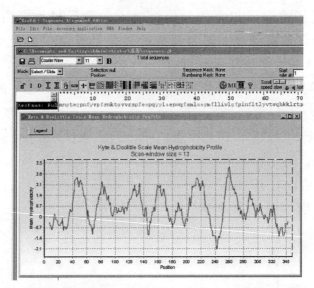

图 4-16　使用 BioEdit 对羊 POSD 蛋白质序列亲水性分析结果

这里将 Windows Size 设置为 9，执行"Run Plot"程序自动开始疏水性分析，结果显示如图 4-16 所示。从结果看出羊 OPSD 蛋白质有多个区域为疏水性区域。

3. 跨膜区分析

膜蛋白有胞外区、跨膜区、胞内区。跨膜区就是蛋白在细胞膜内的部分。有的蛋白只有一个跨膜区，有的会有很多个跨膜区。

各个物种的膜蛋白的比例差别不大，约四分之一的人类已知蛋白为膜蛋白。由于膜蛋白不溶于水，分离纯化困难，不容易生长晶体，很难确定其结构。因此，对膜蛋白的跨膜螺旋进行预测是生物信息学的重要应用。

有多种预测跨膜螺旋的方法，最简单的是直接，观察以 20 个氨基酸为单位的疏水性氨基酸残基的分布区域，但同时还有多种更加复杂的、精确的算法能够预测跨膜螺旋的具体位置和它们的膜向性。这些技术主要是基于对已知跨膜螺旋的研究而得到的。自然存在的跨膜螺旋 Tmbase 数据库，可通过匿名 FTP 获得（http://www. isrec. sib-sib. ch/ftp-server/tmbase），见表 4-5。

表 4-5　蛋白质跨膜区域分析的网络资源

资源名称	网址	说明
TMPRED	http://www. ch. embnet. org/software/TMPRED_form. html	基于对 tmpred 数据库的统计分析
PHDhtm	http://www. embl-heidelberg. de/Services/sander/tprotein. html	
MEMSAT	ftp://ftp. biochem. ucl. ac. uk	微机版本

蛋白质的跨膜螺旋特征是可通过序列分析直接得到预测并获得较好结果的一个性质。蛋白质序列含有跨膜区提示它可能作为膜受体起作用，也可能是定位于膜的锚定蛋白或者离子通道蛋白等，从而，含有跨膜区的蛋白质往往和细胞的功能状态密切相关。

4. 前导肽分析

在生物内，蛋白质的合成场所与功能场所常被一层或多层细胞膜所隔开，这样就涉及蛋白质的转运。合成的蛋白质只有准确地定向运行才能保证生命活动的正常进行。

一般来说，蛋白质的定位的信息存在于该蛋白质自身结构中，并通过与膜上特殊的受体相互作用而得以表达。在起始密码子之后，有一段编码疏水性氨基酸序列的 RNA 片段，这个氨基酸序列就这个氨基酸序列就是信号肽序列。

含有信号肽的蛋白质一般都是分泌到细胞外，可能作为重要的细胞因子起作用,从而具有潜在的应用价值。

迄今有 40 多种线粒体蛋白质前导肽的一级结构被阐明,它们约含有 2080 个氨基酸残基,当前体蛋白跨膜时,前导肽被一种或两种多肽酶所水解转变成成熟蛋白质,同时失去继续跨膜能力。前导肽一般具有如下性质:

①带正电荷的碱性氨基酸(特别是精氨酸)含量较丰富,它们分散于不带电荷的氨基酸序列中间。

②缺失带负电荷的酸性氨基酸。

③羟基氨基酸(特别是丝氨酸)含量较高。

④有形成两亲(即有亲水又有疏水部分)α-螺旋结构的能力。

5. 亚细胞定位预测

亚细胞定位与蛋白质的功能存在着非常重要的联系。亚细胞定位预测基于如下原理:

①不同的细胞器往往具有不同的理化环境,它根据蛋白质的结构及表面理化特征,选择性容纳蛋白。

②蛋白质表面直接暴露于细胞器环境中,它由序列折叠过程决定,而后者取决于氨基酸组成。因此可以通过氨基酸组成进行亚细胞定位的预测。

一般来说,亚细胞定位预测的过程包括如下几个步骤。

①建立数据集,抽取出一个高质量的亚细胞定位数据集并分为训练集和测试集。

②从这些蛋白质数据中抽取出特征信息向量。

③选择合适的算法,根据前面的特征信息向量做出预测。

④用检验数据集对预测结果进行评价。

4.2.3　蛋白质功能预测

1. 根据序列预测功能的一般过程

如果序列重叠群(contig)包含有蛋白质编码区,则接下来的分析任务是确定表达产物——蛋白质的功能。蛋白质的许多特性可直接从序列上分析获得,如疏水性,它可以用于预测序列是否跨膜螺旋(transmenbrane helix)或是前导序列(leader sequence)。但是,总的来说,我们根据序列预测蛋白质功能的唯一方法是通过数据库搜寻,比较该蛋白是否与已知功能的蛋白质相似。有 2 条主要途径可以进行上述的比较分析:①比较未知蛋白序列与已知蛋白质序列的相似性。②查找未知蛋白中是否包含与特定蛋白质家族或功能域有关的亚序列或保守区段。

其一般分析流程如图 4-17 所示。

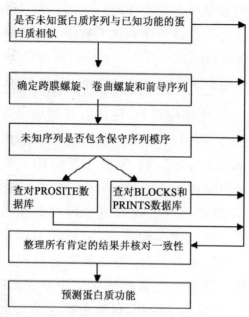

图 4-17 蛋白质序列分析的一般流程

2. 基于同源性分析蛋白质功能预测

具有相似序列的蛋白质具有相似的功能。因此,最可靠的确定蛋白质功能的方法是进行数据库的相似性搜索。一个显著的匹配应至少有 25% 的相同序列和超过 80 个氨基酸的区段。

已有不少种类的数据库搜索工具,它们或者搜索速度慢,但灵敏;或者快速,但不灵敏。快速搜索工具(如 BLASTP)很容易发现匹配良好的序列,所以没有必要再运行更花时的工具(如 FASTA、BLITZ);只有在诸如 BLASTP 不能发现显著的匹配序列时,这些工具才被使用。

所以,一般的策略是首先进行 BLAST 检索,如果不能提供相关结果,运行 FASTA;如果 FASTA 也不能得到有关蛋白质功能的线索,最后可选用完全根据 Smith-Waterman 算法设计的搜索程序,例如 BLITZ(www. ebi. ac. uk/searches/blitz. html)。

还应注意计分矩阵(scoring matrix)的重要性。选用不同的计分矩阵有不少重要原因:首先,选用的矩阵必须与匹配水平相一致,例如,PAM250 应用于远距离匹配(<25% 相同比率),PAM40 应用于不很相近的蛋白质序列,而 BLOSUM62 是一个通用矩阵;第二,使用不同矩阵,可以发现始终出现的匹配序列,这是一条减少误差的办法。

除了选用不同的计分矩阵,同样可以考虑选用不同的数据库。通常可以使用的数据库是无冗余蛋白序列数据库 SWISS-PROT 和 PDB。其他一些数据库也可以试试,如可用 BLASTP 搜索复合蛋白质序列库 OWL（www. biochem. ucl. ac. uk/bsm/dbbrowser/OWL/owl_blast. html）。

3. 基于 motif、结构位点、结构功能域数据的蛋白质功能预测

蛋白质分子中的一些二级结构单元,往往有规则地聚集在一起形成全由 α-螺旋、全由 β-片层或 α-螺旋与 β-片层混合、均有的超二级结构基本形式,具体说,形成相对稳定的 αα、βββ、βαβ、β2α 和 αTα 等超二级结构又称模体（motif）或模序。Motif 作为结构域中的亚甲基单元,表现结构域的各种生物学功能。

通常一条新的蛋白质序列很难仅仅通过序列对齐获得足够的功能信息。有时,蛋白质序列对齐能够发现一些匹配片段,但是并不提示其功能信息。研究发现,除多肽的切割加工和有限水解以外,蛋白质生物合成后活性调节的另外一种形式是化学修饰,包括蛋白质糖基化和磷酸化。许多重要的细胞表面蛋白、识别蛋白和分泌蛋白均带有一个或数个糖基,科学上把这类蛋白质称为糖基化蛋白或糖蛋白。这些附加的糖基具有不少重要的生理功能:①糖蛋白的构型常常会发生变化,有利于抵御蛋白酶的降解反应;②糖蛋白上的羟基会大大提高该多肽的可溶性;③糖基化后往往能使蛋白质准确地进入各自的细胞器。所有与蛋白质（或脂肪）相连的糖都积聚在细胞质膜外层或胞外,细胞质内游离蛋白质是不会被糖基化的。磷酸化是蛋白质合成后广泛存在的一种化学修饰,是控制酶活性的重要步骤。许多情况下,磷酸化的蛋白质其酶活性大大提高,是控制酶活性的重要步骤。在有些情况下,磷酸化以后酶活性下降甚至消失,从而对蛋白质的功能调节起重要作用。蛋白质的磷酸化与去磷酸化过程是生物体内普遍存在的信息传导调节方式,几乎涉及所有的生理及病理过程,如糖代谢、细胞的生长发育、基因表达、光合作用、神经递质的合成与释放甚至癌变等,在细胞信号转导过程中占有极其重要的位置。显然,由于蛋白质的糖基化、酰基化和磷酸化等具有十分重要的生物学意义,因而,关于此方面的生物信息学研究也得到了发展,从而可用来预测新的蛋白质的糖基化、磷酸化等位点。

同时,分子进化方面的研究表明,蛋白质的不同区域具有不同的进化速率,一些氨基酸必须在进化过程中足够保守以实现蛋白质的功能。比如,蛋白质序列中有很多短片段与蛋白质的功能活性位点和结合区域非常重要,如整合素受体能够识别其配体中的 RGDmotif 或者 LDVmotif 区域。那么,如果目的蛋白质中含有一个 RGDmotif 或者 LDVmotif 区域,则该蛋白质就能够和整合素相结合。

4. 蛋白质的进化分析

蛋白质同源家族的分析,对于确立物种之间的亲缘关系和预测蛋白质序列的功能有重要意义。同源蛋白质进一步划分为直系同源和并系同源。早起基于蛋白质序列之间的同源性来区分蛋白质家族的不同层次。基于同源性的差异提出了超家族、家族、亚家族的概念:①超家族,能用统计学方法证实确实显著性相关的那些序列。②家族,序列相似性应大于 50%,而且功能上类似。③亚家族,序列相似性大于 80%。但这种完全基于序列之间相似性进行的蛋白质家族的分类不能体现蛋白质分子的进化。

蛋白质进化过程中反映出重要氨基酸组群进化速率较慢而形成的保守性。这一结果体现在很多蛋白质家族成员之间蛋白质序列相似性可能只局限于某个序列区域或结构域中。因此,蛋白质超家族的概念已发展成为具有某种共同结构域的所有分子组成的分子集合。这一点也反应在 PDB 数据库的处理中,即 PIR 数据库不值依据序列的相似性,而且还结合结构域的分析进行蛋白质家族和超家族的分类。

如果发现一个未知蛋白质序列和较多不同种属或同一种属的蛋白质序列具有较高的同源性(大于 50%),那么提示待分析蛋白质序列可能是相应家族的成员,从而可从分子进化的角度对蛋白质序列进行综合分析。基本步骤包括:

①用待分析蛋白质序列检索蛋白质序列数据库,获取同源性较高的蛋白质序列。此过程可通过 NCBI/Blastp 程序分析。

②将所有相关序列组织成 FASTA 格式,作为后续进行 Clustal W/X 软件分析的输入数据。

③采用 Clustal W/X 算法对这些序列进行聚类分析,可联网到 http://www.ebi.ac.uk/clustalw/或直接使用 Clustal W/X 软件进行。

④根据蛋白质序列多重对齐结果绘制分子进化树。采用本地化软件 MacVector、DANMAN、TreeView 等进行。

【例 3】人脂联素蛋白质序列的蛋白质同源性分析。

操作步骤:

[1] 进入 NCBI/Blast 网页。

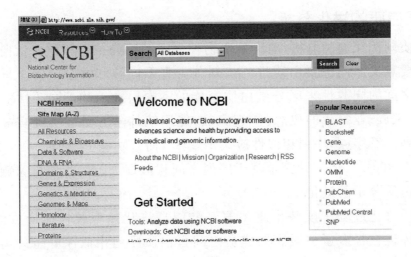

图 4-18

[2] 选择 Protein-proteinBLAST(blastp)。

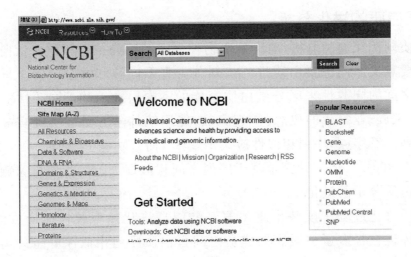

图 4-19

[3]将 FASTA 格式序列贴入输入栏。

[4]点击 BLAST。

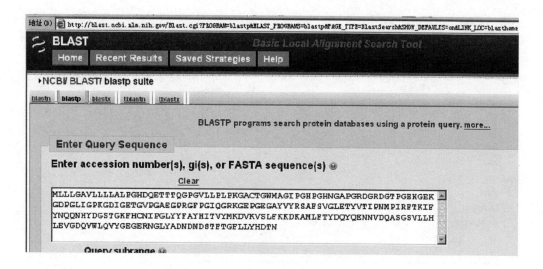

图 4-20

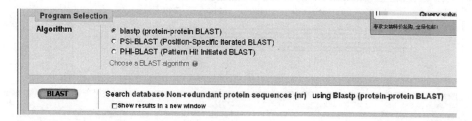

图 4-21

[5]查看与之同源的蛋白质。

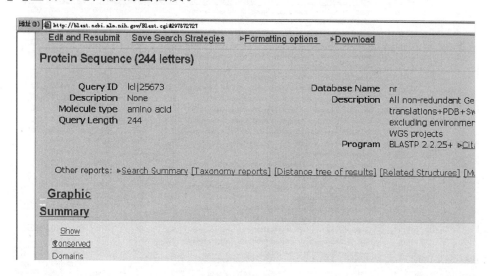

图 4-22

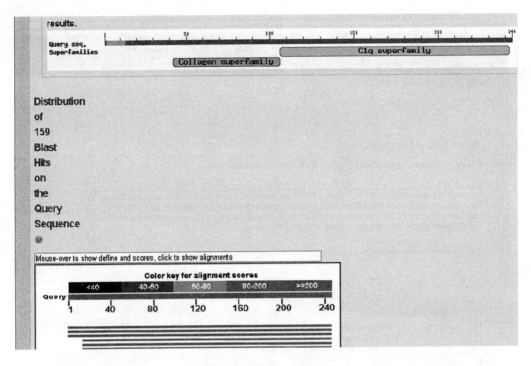

图 4-23

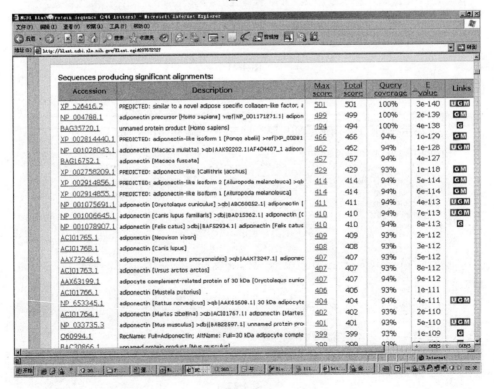

图 4-24

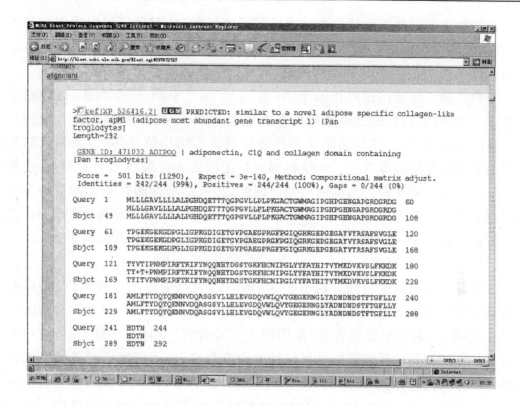

图 4-25

4.2.4　蛋白质的结构预测

1. 特殊序列预测

研究蛋白质结构往往是研究蛋白质的功能与有关特性,而蛋白质中有些片段在序列与功能上是保守的,因此确定这些片段在蛋白质中的分布就知道了蛋白质的一些功能。预测特殊序列的方法有多种,如 PHDhtm 软件用神经网络法预测跨膜区,Tmpred 软件用序列比对(使用的计分矩阵是通过比较已知的跨膜区序列得到的)扫描蛋白质序列,通过相似性搜索程序找出待测序列与 Pfam 中保守序列(用隐马尔可夫模型获得)相近的片段等。

不过更多的情况是,要研究蛋白质功能与特性,就要先知道其结构。在现有条件下,能通过实验测定方法确定的蛋白质结构只是少数,更多的结构需用预测的方法获得。

2. 蛋白质的二级结构预测

蛋白质二级结构预测不仅是联系其一级结构和三级空间结构的桥梁和纽带,而且也是从一级结构预测其三级空间结构的关键步骤(王志新,1998)。另外蛋白质二级结构为蛋白质三级结构和功能提供了大量信息，有助于蛋白质突变体的设计，有助于确定蛋白质空间结构与功能的关系，有助于多维核磁共振中二级结构的指认以及 X 射线衍射晶体结构的解析（赵国屏，2002）。

蛋白质的二级结构预测开始于 20 世纪 60 年代中期，迄今为止，已经提出几十种预测方法，但它们的预测准确率都不超过 70% 左右。然而，虽然二级结构预测的准确性有待提高，其预测结果仍然能提供许多结构信息，并为蛋白质结构和功能关系的研究提供参考。二级结构预测是蛋白质高级结构预测的基础，它能很好地反映局部序列片段的结构倾向性。因此，二级结构预测在今天的结构分子生物学研究中具有重要作用，并成为后基因组时代的一项重要任务。另外，在进行全新蛋白质设计时，也常常应用二级结构预测方法，来设计二级结构单元。

（1）二级结构的预测策略

蛋白质二级结构预测的方法有很多，但基本上基于以下三种策略：①以氨基酸的物理化学性质为基础的预测，包括堆积性（compactness）、疏水性（hydrophobicity）、电荷性、氢键形成能力等；常用的方法被称作"立体化学法"；② 由已知结构统。计各种氨基酸残基形成二级结构的构象趋势，从而依据已有各种氨基酸的趋势，预测其他蛋白的二级结构，其中最常用的是 Chou-Fasman 法；③通过一定的算法（algorithm），由已知三维结构的同源蛋白推断未知蛋白的二级结构。常用的方法有：最邻近方法（nearest neighboring method）模式识别方法等。

值得注意的是，各种方法预测的准确率随蛋白质类型的不同而变化。在实际应用中究竟使用哪一种方法，还需根据具体的情况；也可以尝试通过对多种方法预测结果的综合分析，来提高预测的准确度。

（2）Chou-Fasman 预测法

Chou 和 Fasman 20 世纪 70 年代对应用 X 衍射得到的 29 个蛋白质数据进行了统计，从而得到各种氨基酸残基在蛋白质中形成 α 螺旋、β 折叠构象的倾向性因子。该预测方法是提出最早、相对比较简单、应用较广的统计分析方法。

残基构象倾向因子定义为

$$P_{ij} = f_{ij} f_j$$

其中，f_{ij} 是第 i 个氨基酸残基的对应分数；f_j 是所有被统计氨基酸残基处于第 j 种构象态的分数。它们分别由下式计算

$$f_{ij} = n_{ij} / N_i$$
$$f_j = N_j / N_t$$

式中下标，i 表示 20 个氨基酸残基中的某一个残基（主从 1 到 20）；j 表示构象态（α 螺旋；β 折叠；无规卷曲）；N_i 表示某一个残基在统计的样本中的总数；N_j 表示

在统计的样本中某一个构象态中残基的总数;N_t 表示在统计的样本中残基的总数;n_{ij} 表示某一个残基在统计的样本的某一个构象态中出现的总次数。

显然,P_{ij} 大于 1.0 表示该残基倾向于形成 j 种构象,小于 1.0 表示倾向于形成其他构象。根据 P_{ij} 推断:最易形成 α 螺旋的残基是蛋氨酸、丙氨酸、谷氨酸和亮氨酸;破坏 α 螺旋的残基是脯氨酸和甘氨酸。最易破坏 β 折叠的残基是谷氨酸。5 个带电荷的残基都不利于 β 折叠的形成。

P_{α} 和 P_{β} 表明了在蛋白质中形成 α 螺旋和 β 折叠的相对可能性,通过构象边界分析,可以知道哪一个残基经常出现在 α 螺旋和 β 折叠的 N 端和 C 端。一般正电荷残基 Lys、His 和 Arg 在螺旋 C 末端占优势;负电荷残基 Glu 和 Asp 在螺旋 N 末端占优势;Pro 从不出现在螺旋 C 端,而常出现在螺旋 N 端。除 Lys 以外,所有其他带电残基出现在 β 折叠末端的比率均小于 1.0,带电残基不常出现在 β 折叠的边界区域。Tyr、Val 和 Phe 等易出现在 β 折叠的 C 端,Ile、Val、Gln 和 Phe 易出现在 β 折叠的 N 端,Glu、Asp 和 His 出现在 β 折叠 N 末端的比率值最小。分析 β 转角的第一到第四个残基的频率表明,某些残基在 β 转角中有戏剧性的位置择优,如 Pro 出现在第二位置而不出现在第三位置,Tyr 出现在第四位置而不在第二位置上,His 出现在第一位置,但不出现在第二或第四位置上 Lys 出现在第二而不在第一位置上等。出现在 i 位置频率最大的有 Asn、Cys、Asp;出现在 $i+1$ 位置上频率最大的是 Pro、Ser、Lys;在 $i+2$ 位置频率最大的为 Asn、Gly 和 Asp;而在 $i+3$ 位置的是 Tyr、Gly、Cys。在 4 个位置上都有高的 β 转角构象势的有:Asn、Gly、Pro、Ser。疏水性最大的残基表现出 β 转角的构象势最低。

运用二级结构倾向性因子的计算公式分别计算 α 蛋白、β 蛋白、α/β 蛋白、$\alpha+\beta$ 蛋白中 20 个氨基酸各自形成 α 螺旋的倾向性因子 P_{α},β 折叠链的倾向性因子 P_{β} 即以及无规卷曲的倾向性因 P_{coil}。结果表明每一个氨基酸残基在不同的蛋白质类型中有不同的二级结构倾向性。每一个折叠类型中,20 个氨基酸的二级结构的倾向性大小排列次序存在显著差别。

①α 螺旋的倾向性因子 P_{α}。

按照 Chou-Fasman 的分类方法,如果 $P_{\alpha}>1.1$ 那么该氨基酸倾向于形成 α 螺旋;如果 $0.9<P_{\alpha}<1.1$,该氨基酸对螺旋不敏感;如果一个氨基酸的 $P_{\alpha}<0.9$,那么该氨基酸倾向于中断 α 螺旋。这样的分类同样适用于 P_{β} 和 P_{coil}。

对于 α 蛋白,Asp、Thr、Gly 和 Pro 是螺旋的中断者;Val、Lys、Gln、Arg、Trp、His、Phe、Asn、Tyr 是 α 螺旋弱形成者;Met、Glu、Cys、Ala、Ile 和 Leu 倾向于形成 α 螺旋。对于 α/β 蛋白、$\alpha+\beta$ 蛋白,也有它们各自的相应的 α 螺旋强形成者、弱形成者和中断者。这些与 α 蛋白的情况不大相同。统计分析表明,在不同折叠类型

中,疏水残基(G、A、V、L、I、P)和一些极性残基(T、C、M、Q)变化较大,而芳香烃残基(F、Y、W)和其余残基的二级结构倾向性在不同的折叠类型变化较小。

在不同的折叠类型中,变化最大的是 Ile、Cys、Met 和 Gin。Ile 在 α 蛋白中是螺旋的强形成者,在 α/β 蛋白、$\alpha+\beta$ 蛋白中则是螺旋弱形成者;*Met* 在 α 蛋白中是螺旋弱形成者,在 α/β 蛋白中则是螺旋弱形成者;Cys 在 α 蛋白中是螺旋的强形成者,在 α/β 蛋白、$\alpha+\beta$ 蛋白中则是螺旋中断者;Gln 在蛋白中是 α 螺旋弱形成者,在 α/β 蛋白、$\alpha+\beta$ 蛋白中则是螺旋强形成者。折叠类型对螺旋倾向性存在明显的影响。

②β 折叠倾向。

在不同的折叠类型中 β 折叠倾向性大小排列顺序完全不同。Thr 和 Trp 只在 $\alpha+\beta$ 蛋白中是 β 折叠形成者;Met、Tyr、Val、Ile、Cys 和 Phe 在几种类型蛋白中都倾向于形成 β 折叠;Glu、Leu 和 Gly 分别在 α 蛋白、α/β 蛋白、$\alpha+\beta$ 蛋白中是 β 折叠的形成者。Gln、Ser、Ala、Asp、Asn 和 Pro 在几种折叠类型蛋白中都是 β 折叠中断者,对 α/β 蛋白倾向于中断折叠的还有 His,Arg 和 Lys。除了 Ala、Leu、Ser 和 His 之外,其余残基的 β 折叠倾向性在不同类的蛋白中差别比较大。3 个疏水残基(V、I、P)在 α/β 蛋白、$\alpha+\beta$ 蛋白中比在 β 蛋白中 β 折叠的倾向性更强,这可能在一定程度上反映了 β 折叠链在 α/β 和 $\alpha+\beta$ 蛋白中比在 β 蛋白中的疏水环境更强。Met 在 β 蛋白中有较高的折叠链倾向性。Cys 在 α/β 蛋白中有特别高的 β 折叠倾向性,可能是由于 α/β 蛋白的 β 折叠桶中存在较多的二硫桥的缘故。带电残基 Lys、Arg、His、Asp 和 Glu 在 β 蛋白中比在 $\alpha+\beta$ 和 α/β 蛋白中有较高的折叠倾向性,这是因为 β 蛋白中的 β 折叠链相对更暴露。

③无规卷曲倾向性。

无规卷曲的倾向因子 P_{coil} 的比较说明折叠类型对的 P_{coil} 影响。Asp、Asn、Ser 在所有类型蛋白中都倾向于形成无规卷曲,而 Tyr 只是在 α 蛋白,Ala、Lys 只在 $\alpha+\beta$ 蛋白中倾向无规卷曲。Pro 和 Gly 是两个最倾向于形成无规卷曲的残基,在所有类型的蛋白质中都如此。Val、Leu、Ile 和 Met 在所有折叠类型蛋白中都是无规则卷曲的中断者。Phe 和 Trp 在仅蛋白中是无规卷曲的弱形成者,Glu 和 Gin 在 $\alpha+\beta$ 蛋白中,Lys 在 β 蛋白中是无规卷曲的弱形成者。

(3)GOR 预测法

GOR(Garnier-Osguthorpe-Robson)方法也是建立在统计的基础上的。GOR 方法假设两侧氨基酸会影响一个氨基酸所形成的二级结构的形式,同时该方法还用信息学的方法导出预测方法。GOR 方法计算过程较为复杂,应用此方法预测蛋白质的二级结构为螺旋、折叠或者转角的准确率大约为 65%。首先定义参数

S_i,代表肽链上第位置上残基的状态(α 螺旋,伸展,链状态,转角,卷曲),统计肽链上 i 位置两侧各 8 个残基对第 i 位置的影响。

事实上统计全部残基的影响是不实际的,是一种理想化的提法。在对有限的蛋白结构样本进行统计分析时,要作一些近似简化,减少对第 i 个位置影响的残基数目。

GOR 法中信息的表示为:

$$I(S,A) = \log \frac{P(S|A)}{P(S)}$$

其中,S 为二级结构的种类;A 为氨基酸;$I(S,A)$ 为氨基酸 A 处于二级结构 S 时的信息值;P(S) 指在所有氨基酸中 S 的发生概率;$P(S|A)$ 指当氨基酸是 A 时,二级结构 S 的发生概率。$P(S|A)$ 可由下式求出:

$$P(S|A) = \frac{P(S,A)}{P(A)}$$

其中,$P(S,A)$ 是同时观察到二级结构 S 与氨基酸 A 的联合概率;$P(A)$ 是氨基酸 A 出现的概率。

在预测时,要用到信息差 $I(\Delta S,A)$:

$$I(\Delta S,A) = I(S,A) - I(S',A)$$

其中,S' 指除 S 以外的二级结构;$I(S',A)$ 为氨基酸 A 处于二级结构 S' 时的信息值;$I(\Delta S,A)$ 为氨基酸 A 处于二级结构 S 时的信息差。

可用下式统计 17 个氨基酸残基的信息差值之和。

$$\sum I(\Delta S,A) = \sum I(\Delta S,A_1) + \sum I(\Delta S,A_2) + \cdots \sum I(\Delta S,A_{17})$$

其中,$\sum I(\Delta S,A)$ 为信息差值之和;$I(\Delta S,A_1)$,$I(\Delta S,A_2)$,$\cdots$,$I(\Delta S,A_{17})$ 表示氨基酸 A_1,A_2,$\cdots$,A_{17} 处于二级结构 S 时的信息差。在实际预测中,根据上述信息差值之和表达式,分别算出某个氨基酸处在 α- 螺旋、β- 折叠、无规则卷曲时的信息差值之和,取最大值者为该氨基酸的二级结构预测结果。

实际应用时,要先算出 P(S,A)、P(S),P(A) 才能确定上述几个表达式。当在特定的数据库中,氨基酸残基总数为 N,氨基酸残基 A 的总数为`,二级结构 S 的总数为.`,氨基酸残基 A 处在二级结构 S 的总数为`,A 时,P(S,A)、P(S)、P(A) 的计算分别为:

$$P(S,A) = \frac{f_{S,A}}{N}$$

$$P(S) = \frac{f_S}{N}$$

$$P(\mathrm{A})=\frac{f_\mathrm{A}}{N}$$

用 GOR 法预测蛋白质二级结构准确率约为 65%。

(4)神经网络模型

Qiang 与 Sejnowski 于 1988 年,利用神经网络模型对无同源性的球蛋白质的二级结构进行预测,得到了约 64% 的准确率。

神经网络法预测蛋白质二级结构的原理是:先构建由函数式连接组成的神经网络,再输入已知二级结构的氨基酸序列,不断调节有关参数,使输出的二级结构与已知的相符,由此得出应用模型,再用此应用模型预测待测的蛋白质的结构。

下面以 BP 神经网络(反向传播神经网络)简单说明用神经网络预测蛋白质二级结构的一般算法过程(图 4-26)。

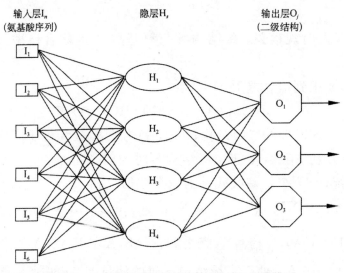

图 4-26　一个蛋白质二级结构的 BP 神经网络模型

图 4-18 中用于蛋白质二级结构预测的 BP 神经网络有输入层、隐层、输出层三层。输入层用于输入氨基酸序列,一般要先将氨基酸残基转换为数字或内存地址等,不少作者将每一个氨基酸残基转换成一个由 21 个输入位点组成的元件。一个氨基酸残基二级结构是将此氨基酸残基前后的 m 个氨基酸残基一起输入来共同决定的。隐层的神经细胞个数一般在 2～60 个之间,在不同的研究中有较大差异。输出层代表 α 螺旋、β 折叠、α/β 转角、无规则卷曲等二级结构。在训练神经网络时,当输入层输入已知二级结构的氨基酸残基时,在输出层的相应神经细胞要输出与已知结构相符的数值。例如,图 4-18 中的输出层 O_1 代表 α 螺旋、O_2 代表 β 折叠、O_3 代表无规则卷曲,输入中心残基前后的 m 值为 4,当氨基酸序列

ACATDTTVT 已知是 α 螺旋,输入该序列时,输入出层的 O_1(代表 α 螺旋)输出值为 1 或接近 1,而 O_2(代表 β 折叠)、O_3(代表无规则卷曲)的输出值都为 0 或接近 0,这就表示中心残基 D 所对应的二级结构为 α 螺旋。

用已知二级结构的蛋白质序列训练图 4-18 的 BP 神经网络的过程描述如下:

第一步,设置参数。I_n 为输入;ω_0 为 H 层神经细胞与 O 层神经细胞之间的连接权系数;h_0 为 O 层阈值;y_0 也是整个网络的输出值;y_H 为 H 层输出值,为 O 层输出值,α 为学习速率系数;k 为重复执行的次数;e_j 为期望输出;$f(E)$ 为激励函数。

第二步,初始化,给 ω_0 随机值。

第三步,输入已知二级结构的氨基酸序列 I_n,固定期望值 e_j。

第四步,计算实际输出,然后判断是否满足条件,是的话就结束,不是的话就转到第五步。

各层的输出值:y_H 为 H 层的输出信号,同时也是 O 层的输入信号。

$$y_0 = f\left(\sum (\omega_o \times y_H) + h_0\right)。$$

第五步,由输出层到输入层逐层调节连接权系数及阈值,然后转入第三步。

实际输出与期望输出误差通过以下公式计算:

$$d_o = y_o \times (1 - y_o) \times (e - y_o)$$

其中,d_o 是实际输出与期望输出在 O 层的误差。H 层到 O 层的连接权系数调整为:

$$\omega_o(k+1) = \omega_o(k) + \alpha \times y_H \times d_0$$

其中,$\omega_o(k+1)$ 为调整了 $k+1$ 次的 H 层到 O 层的连接权系数。

大部分 BP 神经网络预测二级结构的研究中用的激励函数

$$f(E) = \frac{1}{1 + e^E}$$

3. 蛋白质的高级结构预测

蛋白质的生物学功能在很大程度上取决于蛋白质的空间结构,三级结构是蛋白质结构预测的最终目的。弄清蛋白质的结构进而理解结构与功能的关系具有重要的意义,但通过 X 射线晶体衍射、NMR 核磁共振等物理方法测定蛋白质的三级结构以及通过生化方法研究蛋白质的功能,成本高、速度慢、效率低,无法满足蛋白质序列飞速增长的需要。生物信息学发展到现在,完全有能力对一个未知结构的蛋白质序列做出一系列分析,并最终得到较为精确的三级结构模型,特别对于预测可信度较高的同源模建法。[1]

目前蛋白质三级结构预测的主要方法包括同源模建、折叠识别和从头预测。

(1)同源建模

比较建模法(comparative modeling method)是通过同源序列分析或者范型匹配来预测蛋白质的空间结构或者结构单元(如锌指结构、螺旋—转角—螺旋结构、DNA结合区域等)。其原理基于下述事实:每一种自然蛋白质具有一个特定的结构,但具有相似序列的蛋白质倾向于折叠成相似的空间结构。一对自然进化的蛋白质,如果它们的序列具有25%～30%的等同部分或者更多,则可以假设这两个蛋白质折叠成相似的空间结构。这样,如果一个未知结构的蛋白质与一个已知结构的蛋白质具有足够的序列相似性,那么可以根据相似性原理给未知结构的蛋白质构造一个近似的三维模型。蛋白质的同源性比较往往是借助于序列比对而进行的,通过序列比对可以发现序列保守模式或突变模式,这些序列模式中包含着非常有用的三维结构信息,如果目标蛋白质序列的某一部分与已知结构的蛋白质的某一结构域区域相似,则可以认为目标蛋白质具有相同的结构域或者功能域。

20世纪80年代中后期Blundell教授等提出同源蛋白质结构预测以来,已有许多在各种同源性制约下的结构预测报道,被普遍认为是目前三维结构预测的可行途径。当序列同源性大于70%时,结构预测的可靠性很高,当序列同源性低于30%时,各种方法预测的结果较差。Mosimann等(1995)提出了一些对此类预测结构的可靠性的检测办法。这使得同源结构预测成为一种可以评估,从而具有可信度的方法。

同源模建的大体过程可分为以下四个步骤:

①搜索与目的蛋白序列相匹配的模板——同源蛋白,将目的蛋白与同源蛋白进行多重序列比对,确定同源蛋白的结构保守区及相应的主链框架结构。

②依次模建目的蛋白结构保守区的主链、结构变异区的主链。

③目的蛋白侧链的模建及其优化。

④对模建的结构进行优化和评估。

(2)蛋白质的逆折叠法

蛋白质逆折叠法亦称为蛋白质反向折叠法、穿线法。它可以直接从一级结构预测三级结构,从而可以绕过现阶段二级结构预测准确率较低的限制。逆折叠法又称为穿线法,是因为它相当于把未知空间结构的序列看作一条线,把这条线穿入各种已知空间结构模式中,如果线上连接的各个残基都满足各种力学、能学及

① 吴祖建,高芳銮,沈建国. 生物信息学分析实践. 北京:科学出版社

几何学条件,则这一模式就可以作为该序列的预测结构。蛋白质逆折叠法是指已经知道一个蛋白质的立体结构,把未知空间结构的序列,折叠成这个立体结构。

逆折叠法需要解决两大问题:一是非重复的折叠模式库的建立,即提取结构模式,给定一个结构,在数据库中寻找能折叠成这一结构的所有序列,即逆折叠;另一是未知结构的序列穿入哪一种结构最适合,即穿线,亦称为镶嵌。它的实现过程是总结出已知的独立的蛋白质结构模式作为未知结构进行匹配的模板,然后用经过对现有的数据库的学习总结出的可以区分正误结构的平均势函数(mean force field)作为判别标准来选择出最佳的匹配方式。它的主要原理是把未知结构蛋白质的顺序和已知的蛋白质结构进行匹配,找出一种或几种匹配最好的结构作为未知蛋白质的预测结构。

(3)从头预测方法

从头预测方法(de nove prediction)采用简化的蛋白质的模型和根据已知结构的蛋白质所导出的平均势场,从理论上计算出蛋白质的结构。其基本思想是将基于知识的方法与计算化学以及统计物理学的方法相结合。这些方法不仅在蛋白质的结构预测方面显示很强的生命力,而且可以在计算机上模拟蛋白质分子折叠的全过程。目前,尽管能以蛋白质工程技术得到序列完全正确的片段,但往往不能正确折叠成天然状态的空间结构,也就没有相应的生物学功能,但蛋白质工程原则上允许人们逐个仔细考察不同氨基酸人工突变对折叠过程的影响。可以相信,人类掌握"一级结构决定高级结构"的规律将为期不远。

从头计算方法目前主要有下列几种。

①简化模型的计算。例如,假设每个氨基酸都是一个圆球,利用晶格模型进行计算。

②完全根据蛋白质的物理模型进行分子动力学模拟。

③二级结构片段堆积计算。首先从一级序列预测出二级结构,然后再把二级结构堆积成最后的三维结构。但由于目前的二级结构无法很好地考虑蛋白质中远程相互作用,所以预测准确率一直限制在65%以下。因此从一级结构经二级结构到三维结构的方法进展很慢。

④从头计算与基于知识的结构预测的结合。首先对序列片段与已知结构肽段的相似性预测结构,然后将这些片段组装,并以一定的能量函数进行判断,最后再进行筛选。

从头预测方法一般由下列三个部分组成:①一种蛋白质几何的表示方法。由于表示和处理所有原子和溶剂环境的计算量非常大,因此需要对蛋白质和溶剂的表示形式做近似处理。例如,使用一个或少数几个原子代表一个氨基酸残基。②

一种能量函数及其参数,或者一个合理的构象得分函数,以便计算各种构象的能量。通过对已知结构的蛋白质进行统计分析,可以确定蛋白质构象能量函数中的各个参数或者得分函数。③一种构象空间搜索技术。必须选择一个优化方法,以便对构象空间进行陕速搜索,迅速找到与某一全局最小能量相对应的构象。其中,构象空间搜索和能量函数的建立是从头预测方法的关键。从头预测流程见图4-27。

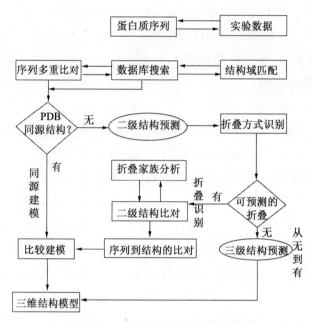

图 4-27 从头预测蛋白质结构流程

4. 蛋白质结构的预测方法评价

对于各种方法得到的蛋白质结构预测结果需要进行验证,以确定预测方法是否可行,确定其适用面。目前国际上的蛋白结构预测方法评价系统最为著名是CASP(Critical Assessment of Techniques for Protein Structure Prediction)和EVA(Evaluation of Automatic protein structure prediction)。CASP 是马里兰生物技术研究中心开发的一个客观评价各种预测方法评判的系统,是世界范围内对蛋白质结构预测的技术方法比赛,号称蛋白质建模方面的奥林匹克,代表着蛋白质结构预测领域的前沿水平。CASP 主要包括三部分内容:①目标蛋白质序列的收集;②蛋白质结构预测模型的收集;③蛋白质结构预测模型及方法的评估,组织会议的公布和结果讨论。EVA 是美国哥伦比亚大学研制的专门从事蛋白质结构预测算法评估的 Web 服务器,参与了 CASP 的测评,它包含了对蛋白质二级结构的评估。每周都有新的被测定结构的蛋白质序列通过 EVA 自动提交到多种预测方法的服务器上,EVA 再将返回的结果收集起来形成摘要在网上公布(张海霞等,2003)。[①]

蛋白质二级结构预测中,有些方法,如 GOR Ⅳ、PROF、predator、SOMA 等方法采用八态定义,将蛋白质二级结构分为 α-螺旋、310 螺旋、π-螺旋、β-桥联、β-折叠、β-转角、Ω 卷曲和无规则卷曲八种形态。而在评价蛋白质二级结构预测方法时均采用三态定义,即 α-螺旋(α-螺旋、310 螺旋和 π-螺旋),β-折叠(β-桥联和 β-折叠),无规则卷曲(β-转角、Ω 卷曲和无规则卷曲)。国际上通用的评价蛋白质二级结构预测方法的指标主要有三态残基准确率(Q_i)、残基整体准确率(Q_3)、Matthews 校正系数(Matthews correlation index)和三态片段交迭准确率(SOV)。

(1)三态残基准确率

$$Q_i = P_i / (P_i + Q_i), i \in \{H, E, C\}$$

式中,P_i 表示被正确预测为 i 态的残基个数;Q_i 表示被错误预测为 i 态的残基个数;H 表示 α 螺旋;E 表示 β 折叠;C 表示无规则卷曲。

(2)残基整体准确率

$$Q_3 = (P_a + P_b + P_c) / T$$

式中,$P_i (i \in \{a, b, c\})$ 分别表示被预测出的三态(H,E,C)的残基个数,T 表示残基总数。

(3)Matthew 系数

$$C_i = \frac{p_i n_i - u_i o_i}{\sqrt{(p_i + \mu_i)(p_i + o_i)(n_i + u_i)(n_i + o_i)}}, i \in \{H, E, C\}$$

式中,p_i 表示主态被预测为 i 态的残基个数;n_i 表示非 i 态被预测为非 i 态的残基个数;μ_i 表示 i 态被预测为非 Z 态的残基个数;o_i 表示非 i 态被预测为 i 态的残基个数。$C_i = 0$ 时,称为随机预测;$C_i = 1$ 时,称为完全预测。

(4)三态片段交迭准确率

$$SOV = 100 \times \frac{1}{\sum_I N(i)} \sum_i \sum_{s(i)} \frac{\min \upsilon(s_1, s_2) + \delta(s_1, s_2)}{\max \upsilon(s_1, s_2)} len(s_1), i \in \{H, E, C\}$$

SOV 是专门针对蛋白质二级结构预测特点提出的(Zemla et al.,1999),其值反映了预测方法预测出 H、E 片段的能力。联网 http:// cubic. bioc. columbia. edu/eva/,选择"secondary structure"可以查看到不同时间段公布的二级结构预测方法的评估情况。

5. 正确构象的判断

蛋白质结构预测是否正确?实验测定、结构解析得到的空间结构数据是否准

---

① 吴祖建,高芳銮,沈建国·生物信息学分析实践·北京:科学出版社

确？需要作出判断。在正误构象的判断方面，主要是发展预测中所用的能量函数，这种能量函数共有 3 类。

①分子力场。根据经典的物理模型如谐振子模型等，结合一些光谱实验数据，发展一种适合计算蛋白质构象的参数和相应的势能函数形式。这是一类比较经典的方法。现在的主要力场有 Discover 力场、Amber 力场、CharMm 力场、Sybyl 力场等。现在这些力场主要应用在结构优化和蛋白质动态性质的研究上。这类方法虽然研究时间长，但多年来在蛋白质从头预测研究方面的应用一直进展不大，而且很难应用到判断蛋白质整体结构的正误上。

②平均势函数。它是一种对现有蛋白质的各种性质进行统计得出各种性质的分布，然后根据能量按 Boltzman 分布的原理，反推出一个所谓的能量函数，即平均势函数，然后再以这个函数算出的能量作为正误判断的标准。

③根据蛋白质结构的特点总结出的简单的评估函数。如 Ensenberg 等把蛋白质结构环境分为 18 类，然后统计 20 种氨基酸在这 18 种环境中出现的概率，最后总结出判断有关氨基酸对某种环境的喜好程度的评估矩阵。在判断结构好坏时只需计算这种函数值的高低。这种方法也叫 3D-Profile 方法。除了这种方法外，还有一些更简单的评估方法，如考虑到蛋白质折叠主要靠疏水相互作用，所以在判断时如果两个疏水残基相互接近时就使总能量值降低一定的数量，而其他的相互作用就对蛋白质的结构能量没有影响。此外，还可以利用氢键和静电相互作用建立相应的简单的评估函数，最后也按函数值的高低判断结构的好坏。这种势函数的好处是计算量小，同时由于它只考虑主要的因素，参数较少，对研究蛋白质结构的本质问题十分有利。[①]

习题

1. 为什么说 EST 分析是发现新基因的一个重要工具？

2. 应用 BLAST 检索 GenBank，获得一个基因所有的 EST 并对这些 EST 按生物体归类。

3. 电子克隆 cDNA 全长序列的主要优点与问题？

4. 哪些实验方法可用于测定蛋白质的三级结构？

5. 进行蛋白质三级结构预测的同源建模、线串法、从头预测这三种方法的区别是什么？

---

① 陶行珩·生物信息学·北京:科学出版社,2007

第5章 分子系统发生分析

分子系统发生分析是生物信息学中的一种基本方法。系统发生（或种系发生、系统发育，phylogeny）是指生物形成或进化的历史。系统发生学（phylogenetics）研究物种之间的进化关系，其基本思想是比较物种的特征，并认为特征相似的物种在遗传学上接近。分子系统发育分析的直观结果是获得系统发生树（phylogenetic tree），从而更清晰地描述物种之间的进化关系。通过对生物学数据的建模提取特征，进而比较这些特征，研究生物形成或进化的历史。在分子水平上进行系统发生分析具有许多优势，所得到的结果更加科学、可靠。

5.1 分子系统发生与系统发生树

5.1.1 分子系统发生

系统发生学是进化生物学的一个重要研究领域。Willi Hennig（1913-1976）为系统发生学（分支学）创始人。系统发生分析早在达尔文时期就已经开始。从那时起，科学家们就开始寻找物种的源头，分析物种之间的进化关系，给各个物种分门别类。

经典系统发生学研究所涉及的特征主要是生物物理或表型（phenotype）特征，如生物体的大小、颜色、触角个数，也包括某些生理的、生化的以及行为习性的特征。通过表型比较来推断生物体的基因型（genotype），研究物种之间的进化关系。但是，利用表型特征是有局限性的，它面临着很多问题，如，由于趋同进化（convergent evolution）的过程造成有些关系很远的物种也能进化出相似的表型，即表型相似并不总是反映基因相似（图5-1）；由许多生物体很难检测到可用来进行比较的表型特征；什么样的表型特征能用来比较，等等。

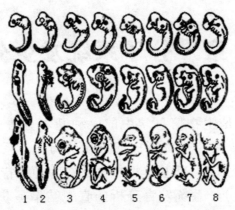

1.鱼 2.蝾螈 3.龟 4.鸡 5.猪 6.牛 7.兔 8.人

图5-1 不同物种的趋同进化

随着时代的发展,人们对生物的认识逐步从宏观发展到微观,科学家对物种分类的依据也随之从宏观上的形态发展到了微观上的分子,并且取得了突破性的进展,系统发生分析进入分子层次。科学家认为,现今世界上存在的核酸和蛋白质分子都是从共同的祖先经过不断的进化而形成的,作为生物遗传物质的核酸和作为生命机器的蛋白质分子中存在着关于生物进化的信息,可用于系统发生关系的研究。

分子系统发生分析直接利用从遗传物质,具体而言,即为核酸序列或蛋白质分子中提取的信息作为物种的特征,通过比较生物分子序列,分析序列之间的关系,构造系统发生树,进而阐明各个物种的进化关系。这些分子在序列上和结构上都保留着进化的痕迹。

在分子水平上进行分析与表型分析相比可以得到更加科学、可靠的结果,其优点具体表现为以下几个方面:

①对分子进化的分析可以数量化,因此根据生物所具有的核酸和蛋白质在结构上的差异程度,比其他方法更精确地估测生物种类的进化时期和速度。

②它是研究微生物进化的有效方法。

③它可以比较亲缘关系疏远的类型之间的进化信息,而这是其他方法难以做到的。

在分子水平上研究生物之间的关系最早开始于20世纪,但直到20世纪中期,分子数据才开始被广泛应用于系统发生研究。20世纪60年代,蛋白质测序成为可能。20世纪70年代,研究者开始能够获得基因组信息,特别是DNA序列。蛋白质序列和DNA序列为分子系统发生分析提供了可靠的数据。

在现代分子进化研究中,根据现有生物基因或物种多样性来重建生物的进化史是一个非常重要的问题。一个可靠的系统发生的推断,将揭示出有关生物进化过程的顺序,对于了解生物进化的历史和进化机制具有重要作用。根据核酸和蛋白质的序列信息,可以推断物种之间的系统发生关系。若从一条序列转变为另一条序列所需要的变换越多,则二者之间的相关性就越小,从共同祖先分歧的时间就越早,进化距离就越大;相反,两个序列越相似,则二者之间的进化距离就可能越小。为了便于分析,一般假设序列变化的速率相对恒定。

关于地球上现代人起源的研究是一个典型而有趣的例子,科学家分析了取自世界不同地区许多人的线粒体 DNA,分析结果表明,所有现代人都是一个非洲女性的后代。线粒体 DNA 非常适合于系统发生分析,因为线粒体 DNA 从母体完全传到子代,不与父代 DNA 重组。由于 DNA 分子非常稳定,这对于分析活着的生物、死去的生物,甚至分析已经绝种的生物都是非常有利的。当然,用细胞核基因来研究系统发生关系时,遇到的一个严重的问题是,基因常常会被复制,导致在个体基因组中,一个基因可能有若干个拷贝,它们随着进化过程各自演变,形成两个或更多的相似基因。在对不同物种的基因进行比较时,如果选择这类基因,其分析结果的可靠性将存在问题。

所有的生物都可以追溯到共同的祖先,生物的产生和分化就像树一样地生长、分叉,以树的形式来表示生物之间的进化关系是非常自然的事(图 5-2)。可以用树中的各个分支点代表一类生物起源的相对时间,两个分支点靠得越近,则对应的两群生物进化关系越密切。

生 物 进 化 树

图 5-2　生物进化树

系统发生分析一般是建立在分子钟（molecular clock）基础上的。生物随着时间的推进而演化，进化的速率被视为进化研究中的基本问题之一。分子进化速率是指生物大分子随时间的改变主要表现为核苷酸、蛋白质的一级结构的改变，即分子序列中核苷酸、氨基酸的替换。分子进化速率相关的分子钟的概念源于对蛋白质序列的研究。在长期的进化过程中，有着相似功能约束的位点的分子进化速率则几乎完全一致。20 世纪 60 年代最早由 Emile Zuckerkandl 和 Linus Pauling 所作的蛋白质序列的比较研究表明，蛋白质同系物的替换率就算过了千百万年也能保持恒定，因此它们将氨基酸的变异积累比作分子钟。分子时钟在不同的蛋白质中运行的速率是不同的，但是，两个蛋白质同系物的差异始终和它们独立分化的时间成正比。两序列间稳定的变异速率，不仅有助于确定物种间的系统发生关系，而且能够像利用放射性衰变考察地质年代那样，准确测定序列分化发展的时间。不同物种间的蛋白质氨基酸序列差异随着分歧时间的加大而增加，而 DNA 序列也存在这种规律。Kimura 将分子进化观点进一步进行总结，得到如下结论：对于各物种的每个蛋白质，如果用每个位点每年发生的氨基酸替换次数作为衡量分子进化的速率，则该速率是大致恒定的；功能上重要的大分子或大分子的局部在进化速率上明显低于那些在功能上不重要的大分子或者大分子局部；对现有分子结构或者功能破坏小的氨基酸替换比破坏力大的氨基酸替换发生得更加频繁。

上述结论为人类带来了很多希望，但是，Zuckerkandl 和 Pauling 的分子时钟假说还是有争议的。经典进化学家们认为形态的进化不够稳定，很显然，这一观点与分子以稳定的速度变异是不一致的。关于分化时间也有不同意见，这些意见对这个假说的核心即进化率是稳定的表示质疑。

5.1.2 系统发生树

系统发生树有时也称系统树图，它是由一系列节点（nodes）和分支（branches）组成的，其中每个节点代表一个分类单元（物种或序列），而节点之间的连线代表物种之间的进化关系。

树的节点又分为两类：①外部节点（terminal node），它代表实际观察到的分类单元；②内部节点（internal node），又称为分支点，它代表了进化事件发生的位置，或代表分类单元进化历程中的祖先。

分类单元是一种由研究者选定的基本单位，在同一项研究中，分类单元一般应当一致。在下面的讨论中，我们基本上以序列（DNA 序列或蛋白质序列）作为分类单元。树节点间的连线称为分支，其中一端与叶节点相连的为外支，不与叶节点相连的为内支。

　　系统发生树有许多形式。系统发生分析中一个重要的差别是,有的能由系统发生树推断出共同祖先和进化方向,而有的却不能。

　　系统发生树可分为有根树、无根树。图 5-3(a)所示的是一棵有根树,而图 5-3(b)显示的是一棵无根树,图中的 A、B、C、D 为所研究的分类单元。在一棵有根树中,有一个唯一的根节点,代表所有其他节点的共同祖先,这样的树能够反映进化层次,从根节点历经进化到任何其他节点只有唯一的路径。无根树没有层次结构,故只能说明节点之间的关系,没有关于进化发生方向的信息。但是,通过使用外部参考物种(即那些明确地最早从被研究物种中分化出来的物种),可以在无根树中指派根节点。例如,在研究人类和大猩猩时,可用狒狒作为外部参考物种,树的根节点可以放在连接狒狒与人和大猩猩共同祖先的分支上。

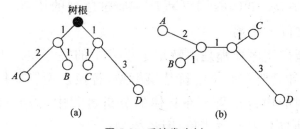

图 5-3　系统发生树

(a)有根树;(b)无根树

系统发生树具有以下性质:

　　①如果是一棵有根树,则树根代表在进化历史上是最早的、并且与其他所有分类单元都有联系的分类单元。

　　②如果找不到可以作为树根的单元,则系统发生树是无根树。

　　③从根节点出发到任何一个节点的路径指明进化时间或者进化距离。

　　系统发生树可分为基因树、物种树。物种树:代表一个物种或群体进化历史的系统发育树,表示两个物种分歧的时间,即两个物种发生生殖隔离的时间。基因树:由来自各个物种的一个基因构建的系统发育树(不完全等同于物种树),表示基因分离的时间。物种树一般最好是通过综合多个基因数据的分析结果而产生。基因树和物种树之间的差异是很重要的,例如,假设只用 HLA 的等位基因来构建物种树,许多人将与大猩猩分在一起,而不是和其他人分在一起。另外,如何将由多个基因或基因组建立的基因数综合成为一个物种树是分析系统学面临的一大难题。

　　此外,系统发生树可能是一般的树或二叉树。二叉树是一种特殊的树,每个节点最多有两个子节点。还可能是有权值的树(或标度树,scaled tree,树中标明分支的长度),也可能是无权值树(或非标度树,unscaled tree)。在有权值的树中,分支的长度(或权值)一般与分类单元之间的变化成正比,它是关于生物进化时间或者遗传距离的一种度量形式。一般假设存在一个分子钟,进化的速率恒定。

对于给定的分类单元数,有很多棵可能的系统发生树,但是只有一棵树是正确的,分析的目标就是要寻找这棵正确的树。

5.1.3　距离和特征

分子系统发生分析的目的是探讨物种之间的进化关系,往往是以取自于不同生物基因组的共同位点的一组同源的序列作为分析的对象。序列比对是进行同源分析的一种基本手段,是进行系统发生分析的基础,一般采用基于两两比对渐进的多重序列比对方法,如 ClustalW 程序。通过序列的比对,可以分析序列之间的差异,计算序列之间的距离。

DNA 序列和蛋白质序列都是由特定字母表中的字符组成的。计算序列之间距离的一个前提条件是要有一个字符替换模型,替换模型影响序列多重比对的结果,影响系统发生树的构建结果。在具体的分析过程中,需要选择一个合理的字符替换模型,如各种打分模型或代价、距离模型。

用于构建系统发生树的分子数据分成两类:距离数据和特征数据。

(1)距离(distances)数据

常用距离矩阵描述,表示两个数据集之间所有的两两差异;涉及的是成对基因、个体、群体或物种的信息。

距离(或者相似度)是反映序列之间关系的一种度量,是建立系统发生树时所常用的一类数据。在计算距离之前,首先进行序列比对,然后累加每个比对位置的得分。如果在进行序列比较时使用的是打分函数或相似性度量函数,则需要将相似度(或者得分)转换成距离。令 $S(i,j)$ 是序列 i 和序列 j 各个比对位置得分的加权和,一种归一化的距离计算公式为

$$d(i,j)=1-\frac{S(i,j)-S_r(i,j)}{S_{\max}(i,j)-S_r(i,j)}$$

其中,$S_r(i,j)$ 是序列 i 和 j 随机化之后的比对得分的加权和,$S_{\max}(i,j)$ 是两条序列所有可能的比对的最大值(当两条序列相同时,取最大值)。两个序列归一化距离的值处于 0 和 1 之间,当两个序列完全一致时,距离为 0;当两个序列差异很大时,距离接近于 1。如果在上式中令 $S_r(i,j)=0$,则计算公式变为

$$d(i,j)=1-\frac{S(i,j)}{S_{\max}(i,j)}$$

为了适合于处理相似性较小的序列,可以进一步修改距离计算公式:

$$d(i,j) = -\ln \frac{S(i,j)}{S_{max}(i,j)}$$

序列比对得分的加权和可以根据常用的得分矩阵获得,如果待处理的序列是蛋白质,则用 PAM 矩阵、BLOSUM 矩阵等;如果待处理的序列是 DNA 或者 RNA,则用等价矩阵、核苷酸转换—颠换矩阵或者其他具有非对称置换频率的矩阵。

(2)特征(characters)数据

表示分子所具有的特征。提供基因、个体、群体或物种的信息。距离是系统发生分析时所使用的一类数据,另一类数据就是所谓的离散特征数据。离散特征数据可分为二态特征与多态特征。

①二态的离散特征只有两种可能的状况,即具有与不具有某种特征,通常用"0"或"1"表示。例如,DNA 序列上的某个位置如果是剪切位点,其特征值为 1,否则为 0。

②多态离散特征具有两种以上可能的状态,如核酸的序列信息,对序列中某一位置来说,其可能的碱基有 A、T、G、C 共 4 种。可以将特征数据转换为距离数据。如果建立所有可能状态之间相似性的度量,特征数据就很容易被转换成距离数据。

5.1.4　分子系统发生分析过程

分子系统发生分析主要有以下步骤:

①选择可供分析的序列。

②同源蛋白质或者核苷酸序列的多重序列比对。

③构建系统发生树。

④结果的检验。

其中,第①步的作用是通过分析,产生距离或特征数据,为建立系统发生树提供依据。

系统发生树的构建方法有很多种。

1. 根据所处理数据的类型分类

根据所处理的数据,系统发生树的构建方法大体上可以分为两大类。

(1)基于距离的构建方法

该方法利用所有物种或分类单元间的进化距离,依据一定的原则及算法构建系统发生树。其基本思路是列出所有可能的序列对,计算序列之间的遗传距离,选出相似程度比较大或非常相关的序列对,利用遗传距离预测进化关系。

非加权分组平均法(unweighted pair group method with arithmetic means)、邻近归并法(neighbor joining method)、Fitch-Margoliash 法、最小进化方法(minimum evolution)等都属于此类方法。

对相似性和距离数据,在重建系统发生树时只能利用距离法。

(2)基于离散特征的构建方法

该方法利用的是具有离散特征状态的数据,如 DNA 序列中的特定位点的核苷酸。建树时,着重分析分类单位或序列间每个特征(如核苷酸位点)的进化关系等。

最大简约法(maximum parsimony method)、最大似然法(maximum likelihood method)、进化简约法(evolutionary parsimony method)、相容性方法(compatibility)等都属于此类方法。

离散特征数据通过适当的方法可转换成距离数据,因此,对于这类数据在重建系统发生树时,既可以用距离法,又可以采用离散特征法。

2. 根据所采用的搜索方式分类

根据建树算法在执行过程中采用的搜索方式,系统发生树的构建方法也可以分为 3 类。

(1)穷尽搜索方法

这种方法是首先产生所有可能的树,然后根据评价标准选择一棵最优的树。

需要注意的是,系统发生树可能的个数与序列的个数是呈正相关的,当序列个数多时,系统发生树可能的个数也随之急剧增加。假设要为 n 个分类单元建立系统发生树,则可能的有根树个数(N_R)和无根系统发生树个数(N_U)可用下面的算式计算得到:

$$N_R = \frac{(2n-3)!}{2^{(n-2)}(n-2)!}$$

$$N_U = \frac{(2n-5)!}{2^{(n-3)}(n-3)!}$$

可以看到,随着 n 的增加,可能的有根系统发生树和无根系统发生树的数目迅速增加。表 5-1 中列出了一些 n 值,以及对应的有根树和无根树的数目。当 $n \geq 15$ 时,可能的系统发生树的数目变得非常惊人,但是只有其中的一棵树代表了待分析的基因或者物种之间的真实进化关系,我们的目的就是找出这棵反映真实进化关系的树。

表 5-1　对不同的 n,可能的有根树和无根树数目

数据数目	有根树数目	无根树数目
2	1	1
3	3	1
4	15	3
5	105	15
10	34459425	2207025
15	215458046767875	7905853580625
20	8200794532637891559375	221643095476699771875

穷尽搜索方法特点:从计算量来看,它只能处理很少的分类单元,当分类单元个数 n 大于一定值(如 15)时,使用该方法几乎不可能求取最优树。

(2)分支约束方法

这种方法是根据一定的约束条件将搜索空间限制在一定范围内,产生可能的树,然后择优。它是人工智能技术中的一种空间搜索策略。

分支约束方法特点:不需要搜索整个树空间,对于搜索效率的提高具有重要意义。

(3)启发式或经验性方法

这种方法是根据先验知识或一定的指导性规则压缩搜索空间,提高计算速度。

启发式或经验性方法特点:能够处理大量的分类单元,虽然不能保证所构建的树是最优的,但实际结果往往接近于最优解。在待分析的对象个数比较多的情况下,必须采用分支约束方法或者启发式的方法。

在构造系统发生树时需要考虑进化假设和进化模型。当系统发生树的类型是有根树时,表示其中的一个序列代表其他所有序列共同的祖先;当系统发生树是无根树时,表示没有共同的祖先。一般认为序列是随机进化的,序列中的所有位点的进化也是随机且独立的。

在进行具体的系统发生分析时,通常还要以以下假设作为前提:序列必须是正确无误的;待分析的序列是同源的,所有的序列都起源于同一个祖先序列,并且它们不是共生同源(或平行进化)序列;在序列比对中,不同序列的同一个位点都是同源的。

当两个物种在系统发生树上分化后,各自独立进化发展。另外,还要求系统发生分析的样本足以反映感兴趣的问题,样本序列之间的差异包含了足以解决感

兴趣的问题的系统发生信息。

通过某种算法构建好一棵系统发生树之后,需要对树的合理性和可靠性进行分析。对于若干条序列,如果利用多种不同的分析方法进行系统发生分析,并且得到相似的进化关系,那么分析结果具有较高的可信度。

5.2　分子进化模型与序列分歧度计算

广义的分子进化包括两层含义:其一,在细胞生命出现之前,进化主要表现在分子层次上,即表现在生物分子的起源和进化上,是生物进化的初始阶段;其二,在细胞生命出现之后,进化发生在生物分子、细胞、组织、器官、生物个体、种群等各个层次上。分子进化是属于生物分子层次上的进化,也是生物进化层次中最基本的进化。

由于所有生物的表型都受 DNA 或 RNA 的控制,因而可以通过比较其 DNA 或 RNA 的差别来研究相互之间进化关系。现代系统发育学研究的重点不再是生物的形态学特征或其他表型特征,而是生物大分子序列的特征。

5.2.1　核苷酸序列进化

获得一段序列的大量同源序列是对此序列进行进化分析的基础。DNA 序列进化的一个基本过程就是核苷酸随时间而变化(置换)。可以用矩阵来表示核苷酸置换。Jukes-Cantor 单参数模型(JC)和 Kimura 两参数模型(KZP)在分子进化研究中有着广泛应用。

1. Jukes-Cantor 单参数模型

图 5-4 表示 Jukes 和 Cantor(1969)单参数模型的基本假定,即核苷酸在每个方向上的置换率均为 α。

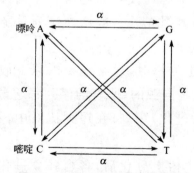

图 5-4　**Jukes-Cantor 单参数模型**

对应的核苷酸置换率矩阵 M 为：

$$M = \begin{bmatrix} -3\alpha & \alpha & \alpha & \alpha \\ \alpha & -3\alpha & \alpha & \alpha \\ \alpha & \alpha & -3\alpha & \alpha \\ \alpha & \alpha & \alpha & -3\alpha \end{bmatrix}$$

利用该模型可以计算出序列间核苷酸置换概率。设某一位点上的碱基在起始时间($t=0$)为 A，当时间 $t=1$ 时，同一位点上的碱基仍为 A 的概率为：

$$P_{A(1)} = 1 - 3\alpha$$

当 t=2 时，该位点碱基为 A 的概率：

$$P_{A(2)} = (1-3\alpha)P_{A(1)} + \alpha[1 - P_{A(1)}]$$

当时间为 t+1 时，概率为：

$$P_{A(t+1)} = (1-3\alpha)P_{A(t)} + \alpha[1 - P_{A(t)}]$$

定义时间 t+1 和 t 的概率差为 $\Delta P_{A(t)}$，有：

$$\Delta P_{A(t)} = P_{A(t+1)} - P_{A(t)} = -3\alpha P_{A(t)} + \alpha[1 - P_{A(t)}] = -4\alpha P_{A(t)} + \alpha$$

上述公式对于离散时间过程比较适合。连续时间过程可转换为以下公式：

$$\frac{dP_{A(t)}}{dt} = -4\alpha P_{A(t)} + \alpha$$

令 $P_{A(0)} = 1$，有：

$$P_{A(t)} = \frac{1}{4} + \frac{3}{4}e^{-4\alpha t}$$

2. Kimura 两参数模型

Kimura 的两参数模型将转换(transition)和颠换(transversion)置换率分别设为 α 和 β，如图 5-5 所示。

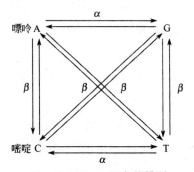

图 5-5　Kimura 两参数模型

对应的矩阵 M 为：

$$M = \begin{bmatrix} -\alpha-2\beta & \beta & \alpha & \beta \\ \beta & -\alpha-2\beta & \beta & \alpha \\ \alpha & \beta & -\alpha-2\beta & \beta \\ \beta & \alpha & \beta & -\alpha-2\beta \end{bmatrix}$$

3. 其他模型

其他模型还有 Kimura 三参数模型(K3ST)、Felsenstein"等输入"模型(F81)、Lanave 等人提出的"广义时间可反转"模型(GTR)、Hasegawa 等人提出的五参数模型(HKY85)、Kishino 和 Hasegawa 广义模型(SYM)以及 Tamura 和 Nei 六参数模型(TrN)等,还有后来 Yang 与 Adachi 和 Hasegawa 提出的广义可反转马尔可夫模型。

5.2.2　蛋白质编码序列进化

Miyata 和 Yasunaga(1980)最早提出了估算两个蛋白质序列间置换数目的方法。方法要求:将同义置换(synonymous)和非同义置换(nonsynonymous)分开考虑;并且,由于起始密码子和终止密码子几乎不随时间变化,故应将其排除在外。在研究蛋白质序列进化的工作中,最基本的参数计算步骤包括以下几步。

第一,将核苷酸序列的位点分为不同的类别:

①非简并的(non degenerate),在该位点所有可能的变化都是非同义的。

②两重简并的(twofold degenerate),在 3 个可能变化中的一个是同义的。

③四重简并的(fourfold degenerate),在所有可能的变化都是同义的。

计算上述 3 种情况的数目,记为 L_i(i=0,2,4)。

第二,比较两个密码子之间的同义与非同义变化:

①两个密码子只有一个核苷酸差异的情况。这时候差异值容易计算。

②两个密码子不止一个核苷酸差异的情况。这时候必须考虑所有可能的进化途径。

例如,AAT(Asn)和 ACG(Thr)间存在两种可能的途径,它们分别是:

途径 1:AAT(Asn)→ACT(Thr)→ACG(Thr)

途径 2:AAT(Asn)→AAG(Lys)→ACG(Thr)

上述两种途径中,途径 1 中同义与非同义变化各 1 次,而途径 2 中有 2 次非同义变化。假定两种途径的可能性相同(非加权),同义差异值(M_A)为(1+0)/2=0.5,非同义差异值(M_S)为(1+2)/2=1.5。不少学者已对加权方法进行了讨论。

第三,可以将核苷酸置换分为转换和颠换两种,差异值分别记为 S_i 和 V_i(i=

0,2,4)。在两重简并的位点中,转换是同义的而颠换是非同义的,这在哺乳动物线粒体编码中不存在例外。在通用编码中有两个例外:精氨酸密码子(CGA、CGG、AGA 和 AGG)的第一个位置,异亮氨酸(AUU、AUC 和 AUA)的最后一个位置。在这两种例外情况中,所有的同义变化包括在 S_2 中,而所有的非同义变化包括在 V_i 中。

在实际应用中,常见的氨基酸置换有 Dayhoff 模型、Jones-Taylor-Thomton 模型、mtREV 模型等。有关氨基酸置换模型的建立及应用是分子进化研究中较为活跃的一个重要领域。

5.2.3　核苷酸序列分歧度

DNA 序列间的分歧度(sequence divergence)是一种相异性指数,可通过序列成对比较获得碱基差异值,然后应用序列进化模型来校正(Li,1997)。例如,图 5-6 列举了两个同源序列间核苷酸置换的例子,其中存在 12 个置换,但是被检测出的只有位点 2、位点 5 和位点 7 这三个位点,它们可以用来计算碱基差异值。

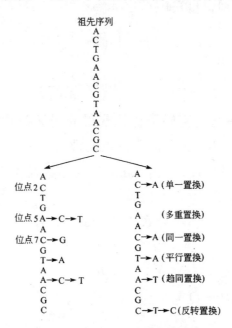

图 5-6　同源序列间的核苷酸置换

设序列长度为 L,序列间的差异值为 N,$P = N/L$。应用 Jukes-Cantor 单参数模型,计算 K 值的公式为:

$$K = -\frac{3}{4}\ln\left(1 - \frac{4P}{3}\right)$$

当 L 足够大时,K 值的取样误差为:

$$V(K) = \frac{P(1-P)}{L\left(1-\frac{4P}{3}\right)^2}$$

设序列间转换置换的差异值为 N_1，$P = N_1/L$；颠换置换的差异值为 N_2，$Q = N_2/L$。应用 Kimura 两参数模型，计算 K 值的公式为：

$$K = \frac{1}{2}\ln(a) + \frac{1}{4}\ln(b)$$

式中，$a = 1/(1-2P-Q)$；$b = 1/(1-2Q)$。

当 L 足够大时，K 值的取样误差为：

$$V(K) = [a^2P + c^2Q - (aP + cQ)^2]/L$$

式中，$c = (a+b)/2$。

5.2.4　蛋白质编码序列分歧度

设 K_S 为两个序列间同义变化的分歧度，K_A 为非同义变化的分歧度，应用 Jukes-Cantor 单参数模型，可以计算：

$$K_S = -\frac{3}{4}\ln\left(1 - \frac{4M_S}{3N_S}\right)$$

$$K_A = -\frac{3}{4}\ln\left(1 - \frac{4M_A}{3N_A}\right)$$

式中，M_S 为两个序列间密码子比较获得的同义差异值；N_S 为同义位点的数目；M_A 为非同义差异值；N_A 为非同义位点的数目。

令 $P_i = S_i/L_i$，$Q_i = V_i/L_i$，应用 Kimura 两参数模型，可以计算不同简并情形下的分歧度：

$$K_i = A_i + B_i$$
$$A_i = \ln(a_i)/2 - ln(b_i)/4$$
$$B_i = \ln(b_i)/2$$

式中，$a_i = 1/(1-2P_i-Q_i)$；$b_i = 1/(1-2Q_i)$。

方差估计为：

$$V(A_i) = \frac{a_i^2P_i + c_i^2P_i - (a_iP_i + c_iP_i)^2}{L_i}$$

$$V(B_i) = b_i^2Q_i(1-Q_i)/L_i$$

式中，$c_i = (a_i - b_i)/2$。

两个序列间同义和非同义变化的分歧度，可以分别计算：

$$K_S = \frac{L_2 A_2 + L_4 A_4}{\dfrac{L_2}{3} + L_4}$$

$$K_A = \frac{L_2 A_2 + L_0 A_0}{\dfrac{2L_2}{3} + L_0}$$

式中参数的定义同上。方差估计为：

$$V(K_S) = \frac{9\left[L_2^2 V(A_2) + L_4^2 V(A_4)\right]}{(L_2 + 3L_4)^2}$$

$$V(K_A) = \frac{9\left[L_2^2 V(B_2) + L_0^2 V(K_0)\right]}{(2L_2 + 3L_0)^2}$$

上述公式中对于转换与颠换比率（即加权问题）并未过多考虑。如果用加权平均$(L_2 A_2 + L_4 A_4)/(L_2 + L_4)$作为两重简并和四重简并情形中转换与颠换比率的估计值，可以计算：

$$K_S = \frac{L_2 A_2 + L_4 A_4}{L_2 + L_4} + B_4$$

$$K_A = A_0 + \frac{L_0 B_0 + L_2 K_2}{L_0 + L_2}$$

5.3　分子系统树的构建

分子系统发育分析的一个主要目标是根据分子数据构建系统发育树，即根据分子数据构建系统树，进而推断某一特定类群系统发育的分支式样。分子系统发生树的构建步骤为：

①选择可供分析的序列。关于可供分析的序列目前有两类观点。一类是支持 DNA 序列的观点，原因为：5'或 3'UTR 等非编码区用于分析系统发生分析；编码氨基酸的那部分 DNA 可以发生同义或非同义的替换事件；碱基转换和顺换的速率通过分析 DNA 序列。另一类是支持氨基酸序列的观点，原因为：氨基酸比核酸具有更多的特征数据（20∶4）；许多氨基酸有相似的生物物理性质；更低的氨基酸替换率使其更加适用于比较广泛分化的物种。

②同源蛋白质或者核苷酸序列的多重序列比对。多序列比对的方法主要有两种：第一种为手工比对法（辅助编辑软件包括 Bioedit 等），主要是通过辅助软件不同颜色显示不同残基，靠分析者的观察来改变比对的状态；第二种为计算机程序自动比对法（比如 clustal X），主要是通过特定的算法（如同步法、渐进法）由计

算机程序自动搜索最佳的多序列对比状态。

③构建系统发生树。长期以来，已经发展了大量的系统树构建方法，主要有距离矩阵法（distance matrix method）、简约法（parsimony method）、相容法（compatibility method）等。

④评价所建立的树。

5.3.1 距离矩阵法

距离法就是首先算出序列间的遗传距离（或叫进化距离），随后根据这些距离序列分别依次合并的聚类分析方法，最后是用进化树来表示结果。这里主要介绍非加权组平均法（unweighted pair group method with arithmetic mean，简称 UPGMA）法和邻接法（neighbor-joining method，简称 NJ）这两种距离矩阵法。在使用这两种方法前都必须获得一个对称距离矩阵（m 阶方阵）$D = \{d_{ij}\}_{m \times m}$，其中 m 为 OTU 数目。

关于距离系数的公式很多。例如，Nei（1972）的遗传距离系数适用于限制性内切酶和同工酶数据，Jukes-Cantor 单参数距离系数和 Kimura 两参数模型距离系数则在各种序列数据中具有广泛应用。

1. UPGMA 法

UPGMA 法也称为类平均法，是最早的一种距离法，也是目前聚类分析中使用得最多的一种聚合策略。它在构建进化树的多种方法中是比较简单的，具体步骤为：

①两两对比，并计算出遗传距离。

②合并，并重新计算出遗传距离作为进化树分枝长度。

③画进化树。

设两个已聚合过的类群 OTUp 和 OTUq 中分别包含了 n_p 和 n_q 个原始类群，再将 OTUp 和 OTUq 聚合后组成的 OTUr 与其他 OTUi 间的距离 $d_{r,i}$ 可以用以下公式计算：

$$d_{r,i}^2 = \frac{n_p}{n_p + n_q} d_{p,i}^2 + \frac{n_q}{n_p + n_q} d_{q,i}^2$$

下面距离说明使用 UPGMA 法构建进化树的算法过程。

【例1】4 个类群的对称半角距离矩阵如下：

$$
\begin{array}{c}
\text{OTU1} \\
\text{OTU2} \\
\text{OTU3} \\
\text{OTU4}
\end{array}
\begin{bmatrix}
0 & 0.15 & 0.20 & 0.35 \\
 & 0 & 0.18 & 0.28 \\
 & & 0 & 0.22 \\
 & & & 0
\end{bmatrix}
$$

[1]根据最小距离值 0.15(对角线元素 0 除外),将 OTU1 和 OTU2 聚合为 OTUr_1。OTUr_1 与 OTU3 间的距离分别为:

$$d_{r1,3}^2 = \frac{1}{2}d_{1,3}^2 + \frac{1}{2}d_{2,3}^2 = \frac{1}{2}(0.20)^2 + \frac{1}{2}(0.18)^2 = 0.0362$$

计算获得 $d_{r1,3}=0.19$。使用同样的方法可以计算出 $d_{r1,4}=0.32$。新的距离矩阵为:

$$
\begin{array}{c}
\text{OTU}r_1 \\
\text{OTU1} \\
\text{OTU1}
\end{array}
\begin{bmatrix}
0 & 0.19 & 0.32 \\
 & 0 & 0.22 \\
 & & 0
\end{bmatrix}
$$

[2]OTU3 和 OTUr_1 聚合为 OTUr_2,聚合值为 0.19。OTUr_2 和 OTU4 间的距离为:

$$d_{r2,4}^2 = \frac{2}{3}d_{1,4}^2 + \frac{1}{3}d_{3,4}^2 = 0.0844$$

$$d_{r2,4} = 0.29$$

[3]根据以上结果可以构建进化树(见图 5-7)。

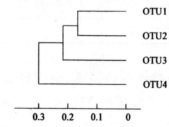

图 5-7　用 UPGMA 法构建的系统树

2. NJ 法

邻接法也是一种利用距离作分子系统分析的方法,其原始思路是由 Saitou 和 Nei 在 1987 年提出的,后由 Studier 和 Keppler(1988)修正。NG 方法的关键步骤为:

① 计算发散系数 r_i:$r_i = \sum_{k=1}^{N} d_{ik}$。

② 生成一个速率校正距离矩阵(rate-corrected distance matrix)$M = \{M_{ij}\}_{m \times m}$:$M_{ij} = d_{ij} - (r_i + r_j)/(N-2)$。其中,N 是终端节点的数目;对所有的 i

和 j,设 $j>i$,然后找出 M_{ij} 最小值所对应的 i 和 j。

③根据每一步骤的结果绘制系统树。

下面举例说明使用邻接法构建进化树的过程。

【例 2】下面是一个 5 个分类群 5S rRNA 的例子。分类群及缩写为:①*Bacillus stubtilis*(*Bsu*),② *B. stearothermophilus*(*Bst*),③ *Lactobacillus viridescens*(*Lvi*),④*Acholeplasma modicum*(*Amo*),⑤*Micrococcus luteus*(*Mlu*)。距离系数半对角矩阵为:

$$
\begin{array}{l}
Bsu \\
Bst \\
Lvi \\
Amo \\
Mlu
\end{array}
\begin{bmatrix}
0 & 0.1715 & 0.2417 & 0.3091 & 0.2326 \\
 & 0 & 0.2991 & 0.3399 & 0.2058 \\
 & & 0 & 0.2795 & 0.3943 \\
 & & & 0 & 0.4289 \\
 & & & & 0
\end{bmatrix}
$$

[1]计算 r_i 和 $r_i/(N-2)$ 的值,以及 M_{ij},组成表 5-2。

表 5-2　邻接法中间结果

	Bsu	Bst	Lvi	Amo	Mlu	r_i	$r_i/(N-2)^*$
Bsu	—	0.1715	0.2147	0.3091	0.2326	0.9279	0.3093
Bst	-0.4766	—	0.2991	0.3399	0.2058	1.0163	0.3388
Lvi	-0.4905	-0.4356	—	0.2795	0.3943	1.1876	0.3959
Amo	-0.4527	-0.4514	-0.5689	—	0.4289	1.3574	0.4525
Mlu	-0.4972	-0.5535	-0.4221	0.4441	—	1.2616	0.4205

注:* $N=5$

[2]表 5-2 上半角矩阵为距离系数矩阵,可以计算出 r_i 和 $r_i/(N-2)$ 的值;下半角矩阵为速率校正距离矩阵 M,其中 $M_{Lvi,Amo}=-0.5689$ 为最小值。设新节点(邻接节点)为 u_1,则

$$S_{Lvi,u_1}=0.2795/2+(0.3959-0.4525)/2=0.1114$$

$$S_{Amo,u_1}=0.2795-0.1114=0.1681$$

[3]将已连接的类群 Amo 和 Lvi 删掉后,可得表 5-3 所示的计算结果。

表 5-3　邻接法中间结果

	Bsu	Bst	Mlu	u_1	r_i	$r_i/(N-2)^*$
Bsu	—	0.1715	0.2326	0.1222	0.5263	0.2631

	Bsu	Bst	Mlu	u_1	r_i	$r_i/(N-2)^*$
Bst	-0.3701	—	0.2058	0.1798	0.5571	0.2785
Mlu	-0.3856	-0.4278	—	0.2719	0.7103	0.3551
u_1	-0.4278	-0.3856	-0.3701	-	0.5739	0.2869

注:* $N=4$

从表 5-2 可以看出,$M_{Bsu,u_1}=-0.4278$ 为最小值。对于节点 u_2,有

$$S_{Bsu,u_2}=0.1222/2+(0.2631-0.2869)/2=0.0492$$

$$S_{u_1,u_2}=0.1222-0.0492=0.0730$$

[4]将 Bsu 和 u_1 删掉,可得表 5-4 所示的计算结果。

表 5-4　邻接法中间结果

	Bst	Mlu	u_2	r_i	$r_i/(N-2)^*$
Bst	—	0.2058	0.1146	0.3204	0.3204
Mlu	−0.5116	—	0.1912	0.3970	0.3970
u_2	−0.5116	−0.5116	—	0.3058	0.3058

注:* $N=3$

从表 5-4 可以看出,$M_{Bst,u_2}=-0.5116$ 为最小值。对于节点 u_3,有

$$S_{Bst,u_3}=-0.1146/2+(0.3204-0.3058)/2=0.0646$$

$$S_{u_2,u_3}=0.1146-0.0646=0.0500$$

最后可得,$S_{Mlu,u_3}=0.1412$

[5]根据以上结果,可以获得一个系统树(图 5-8)。注意,树枝长度用上述计算结果中的绝对值标注。

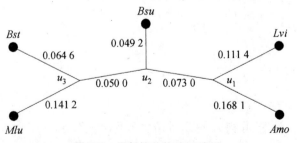

图 5-8　用邻接法构建系统树

3. Fitch-Margoliash 法

1976 年,Fitch 和 Margoliash 提出了一种距离构树法,它是根据矩阵推演系统发生树的方法之一。其推演的规则为:首先找到最为相关的两条序列,然后将

剩余的序列看做一个序列。这样,多个序列就可以被看做是具有共同起源祖先的三个分类单元,树的结构即可简化为起源于同一节点的三个树枝,随后计算出每个枝长。

Fitch-Margoliash 法与 NJ 法二者非常相似,不同之处为:前者找出的是两两之间的距离最小的分类单元组合成对;后者则找出哪两个分类单元组对后树的总枝长之和最小。

下面举例说明使用 Fitch-Margoliash 法构建进化树的过程。

【例 3】设 A~D 4 个类群间的距离矩阵为:

$$\begin{array}{c} A \\ B \\ C \\ D \end{array} \begin{bmatrix} 0 & 8 & 7 & 12 \\ & 0 & 9 & 14 \\ & & 0 & 11 \\ & & & 0 \end{bmatrix}$$

[1]从距离矩阵中挑选距离最近的两个类群(A、C)聚合,聚合节点为 1(见图 5-9)。

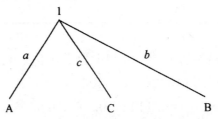

图 5-9 Fitch-Margoliash 法构建系统树(1)

[2]在图 5-9 加入第三个类群(暂定为 B)。标注 A 与 1 之间的距离为 a,B 与 1 之间的距离为 b,C 与 1 之间的距离为 c;定义 A 与 B 之间的距离为 A 到除 B 之外的所有其他类群的平均距离,标注为 d_{AB}。

显然,$d_{\overline{AB}} = a + b = \dfrac{8+12}{2} = 10$

同理,$d_{\overline{CB}} = c + b = \dfrac{9+11}{2} = 10$

同时,又有 $d_{AC} = a + c = 7$

结合以上公式,计算可得:$a = 3.5, b = 6.5, c = 3.5$。

其中,a 和 c 为最终结果,b 为中间结果。

[3]继续加入第四个类群(见图 5-10),重复步骤 2。

通过计算可得:$d = 8.5, b = 5.5, I' = 3$

[4]最后会获得一个无根树(图 5-11)。注意,中间节点 1 和 2 之间的距离调

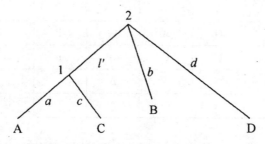

图 5-10　Fitch-Margoliash 法构建系统树(2)

整为

$$d_{12} = |I' - 3.5| = 0.5$$

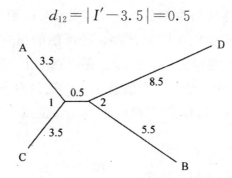

图 5-11　Fitch-Margoliash 法构建系统树(3)

有兴趣的读者可以尝试在步骤 2 时先加入 D,并比较结果。

5.3.2　简约法

简约法的概念是所有基于特征的系统发生树重建方法的核心。它有两个前提:第一,突变是罕见的事件;第二,模型引发了越不合理的事件,这个模型就越不可能正确。简约法通常包括最大简约法(maximum parsimony method,MP)和进化简约法(evolu-tionary parsimony method,EP)两大类。

1. 最大简约法

最大简约法是根据信息位点[①]提供的各序列间的替换情况,在所有可能的树中寻找最小替换数的树的方法。应用最大简约法所获得的最简约树(most parsimonious tree,MPT)中,所有类群的性状状态变化总数最小。

对核苷酸序列,理论上每个位点均可构建 3 种可能的系统树。然而,并非所有位点都能用于重建系统发育关系。信息位点能够用于构建最简约系统树。例如,考虑如下 4 个序列:

① 信息位点,即能把所有可能的树区别出来的位点。

位点	1	2	3	4	5	6	7	8	9
序列 1	A	A	G	A	G	T	G	C	A
序列 2	A	G	C	C	G	T	G	C	A
序列 3	A	G	A	T	A	T	C	C	A
序列 4	A	G	A	G	A	T	C	C	G

很明显,位点 1 不是一个信息位点,因为所有序列在该位点上均为 A,性状状态变化的数目为零。位点 6 和位点 8 同样如此。在位点 2 上,只有序列 1 为 A,其余均为 G。由于 3 种可能的树中都只有 1 个变化(从 G 到 A),该位点同样也不能作为信息位点。位点 3 和位点 4 同样导致 3 种可能的树中性状状态变化相同(分别为 2 和 3)(图 5-12),不能视为信息位点。在位点 5 上,树 1 中是 1 个变化,而树 2 和树 3 均为 2 个变化,该位点为一个信息位点。通过对所有位点进行逐一讨论,可以确定信息位点为位点 5、位点 7 和位点 9。以位点 5 为例,最简约系统树为树 1。

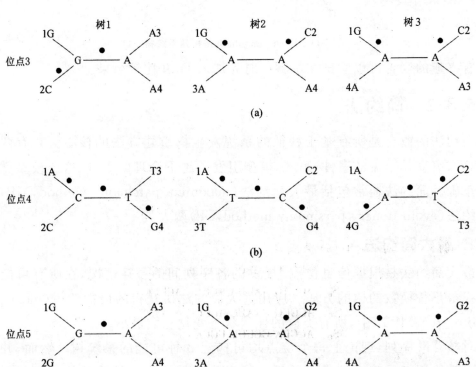

图 5-12　确定信息位点

随着序列数目和信息位点数目的增加,最简约系统树的数目将迅速增加,通常只能使用计算机程序来发现所有的最简约系统树。其算法步骤包括：

①确定所有的信息位点。

②对每个信息位点计算核苷酸变化最小数目，并对所有信息位点的最小数目求和。

③选取核苷酸变化总和最小的树作为最简约系统树。注意，对一个数据集可能产生多个最简约系统树。

2. 进化简约法

进化简约法也称为无变度法（method of invariants）。以下为该方法的具体步骤：

①选择每 4 个序列为一组。

②寻找两个具有嘌呤和两个具有嘧啶的位点。

③考虑 3 种可能的树型组合（图 5-13），分别称为树型 X、树型 Y 和树型 Z。

④找出序列 A、B 均为嘌呤或均为嘧啶的位点（C 和 D 则相反），并计算支持位点的数目和相反树枝 X 顺序的总数，分别记为 X^+ 和 X^-；同样，用序列 A、C 和 B、D 计算 Y^+ 和 Y^- 的总数，并用序列 A、D 和 B、C 计算 Z^+ 和 Z^- 的总数。

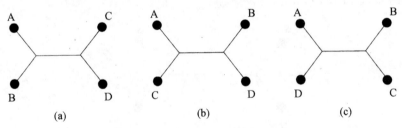

图 5-13　4 个序列的 3 种树型组合

⑤计算对树型 X、Y 和 Z 的净支持率。

$$X = X^+ - X^-$$
$$Y = Y^+ - Y^-$$
$$Z = Z^+ - Z^-$$

⑥用自由度 $f = 1$ 的 χ^2 检验来估计统计显著性。

$$\chi x^2 = X^2 / (X^+ + X^-)$$
$$\chi y^2 = Y^2 / (Y^+ + Y^-)$$
$$\chi z^2 = Z^2 / (Z^+ + Z^-)$$

【例 4】对于以下 4 个序列 S_A、S_B、S_C、S_D 有

S_A　AUCAG GCUUG CACUA ACUGC

S_B　AGGAG AAGUA AGGCC ACUUC

$$S_C \quad \text{AGGUG UAAUC AGGGC AGAAC}$$
$$S_D \quad \text{AGGUA GCUUU UGCAA CGAUA}$$

计算各参数：

$$X^+ = 3+3 = 6, X^- = 0$$
$$Y^+ = 0, Y^- = 1$$
$$Z^+ = 4, Z^- = 2+1 = 3$$

由此可得：

$$X = X^+ - X^- = 6$$
$$Y = Y^+ - Y^- = -1$$
$$Z = Z^+ - Z^- = 1$$

统计显著性检验：

$$\chi x^2 = 6^2/(6+0) = 6$$
$$\chi y^2 = (-1)^2/(1+0) = 1$$
$$\chi z^2 = 1^2(4+3) = 0.14$$

在自由度为 1 的情况下，只有 χx^2 才具有显著性。因此，获得图 5-14 所示进化简约树（吕宝忠，1991）。

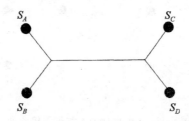

图 5-14　进化简约法构建系统树的例子

3. 最大似然法

最大似然法是一种重要的统计方法，它是在所有可能的树及所有的可能字符替换数方式中选择可能性最大的一种作为结果。该方法早在 1967 年就被用于基因频率数据分析，然而由于计算复杂性等原因，并未得到广泛应用。直到 20 世纪 80 年代后，人们才开始逐渐对最大似然法引起重视。目前，该法已成为分子系统树构建的核心方法之一（Adachi 和 Hasegawa，1996）。

最大似然法最早应用于系统发育分析是在对基因频率数据的分析上，后来还应用到基于分子序列的分析中。它的建树过程非常复杂、费时，分析过程中的计算量随之加大。

设物种数为 N，对位排列后 DNA 或氨基酸序列的长度为 n，用这些序列组成的矩阵为：

$$X = (X_1, X_2, \cdots, X_n) \begin{pmatrix} X^{(1)} \\ X^{(2)} \\ \cdots \\ X^{(N)} \end{pmatrix} = \begin{pmatrix} X_{11} & X_{12} & \cdots & X_{1n} \\ X_{21} & X_{22} & \cdots & X_{2n} \\ \vdots & \vdots & & \vdots \\ X_{N1} & X_{N2} & \cdots & X_{Nn} \end{pmatrix}$$

假定不同位点的进化是独立事件，根据该数据矩阵可以进行多种不同的似然估计。

①计算构树数据的似然率。数据集 X 与一个给定的树拓扑结构 T 的似然率 L 为 $L = \text{Prob}(X|T, \theta)$，这里 θ 为一个参数向量。

②计算树与子树的似然率。设长度为 n 的部分似然率矩阵为 q，定义 $q_i = P_{ix}(t)$，这里 t 为树枝长度。有：

$$q_i = \begin{cases} \sum P_{ij}(t)Q_j & \text{对外部枝} \\ P_{it}(t) & \text{对内部枝} \end{cases}$$

Q_j 是部分似然率的乘积。

③计算树枝长度的似然率。

④θ 最大似然估计（maximum likelihood estimate，MLE）。$\hat{\theta}$ 定义为 maximize $\log L(\theta | X, T)\theta \in \Theta$，$\hat{\theta}$ 满足：

$$\begin{cases} \left[\dfrac{\partial lgL}{\partial \theta_j}\right]_{\hat{\theta}}^T = 0 \\ \left[\dfrac{\partial^2 lgL}{\partial \theta_j \partial \theta_h}\right]_{\hat{\theta}} > \infty \end{cases}$$

此外，用最大似然法还可以估计距离和距离矩阵等。

最大似然法的计算必须通过计算机程序实现。尽管其计算复杂，但它仍是一种比较成熟的参数估计的统计学方法，具有很好的统计学理论基础。由于充分使用了分析序列中的信息资源，只要采用了合理、正确的替代模型就可以得到很好的进化树分析结果。例如，在 MOLPHY 中，快速计算算法如图 5-15 所示。

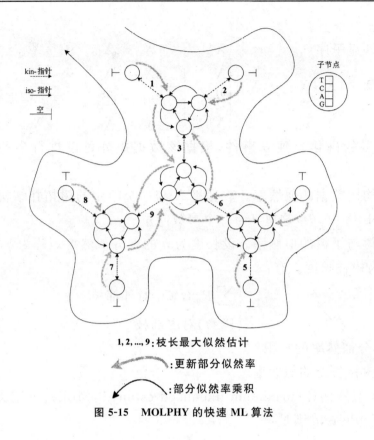

1, 2, ..., 9：枝长最大似然估计

：更新部分似然率

：部分似然率乘积

图 5-15　MOLPHY 的快速 ML 算法

5.3.3　其他方法

1. 相容法(compatibility method)

该方法通过比较性状的相容性来构造若干性状状态树(character-state tree)，然后将这些性状状态树综合构建成一个系统树。相容法又称为集团分析法(clique analysis)，这主要是因为它具有发现相容性集团(clique)的需要。它是在系统发育中，与简约法同时发展起来的一种方法。

一些学者曾就如何确定两个核苷酸位点的相容性问题展开讨论，并且指出并非所有的成对相容的位点联合起来一定相容，在这种情况下能否发现一个相容系统树是值得怀疑的。

至今，相容法在分子系统发育分析的实际工作中都没有取得太广泛的应用，这主要是因为它在理论上存在疑问，并且在计算上还具有相对复杂性。

2. 系统发育网络(phylogenetic network)

系统发育网络是基于系统发育的网络式样，而非分支(树状)式样的。图 5-16

示出了一个根据黑猩猩(Ch)、倭猩猩(Bo)、大猩猩(Go)和人类(Hu)的 ABO 血型基因的 7 号外显子序列构建的(*Sumiyama et al.*,2000)系统发育网络。

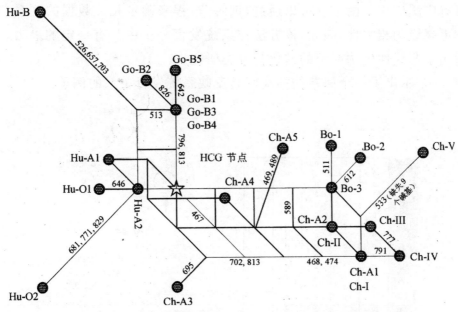

图 5-16　基于 ABO 血型基因 7 号外显子序列的系统发育网络

图中数字表示对应边上的核苷酸位置;边长与核苷酸差异成比例;

星号(HCG 节点)表示人—黑猩猩—大猩猩共用的祖先节点。

有很多因素都会造成系统发育网状式样。例如,导致植物系统发育呈图 5-17 式样的原因可能是杂交。为了能够获得正确的系统发育式样,人们不断发展发展新的统计模型和计算机模拟方法来检测杂交事件。

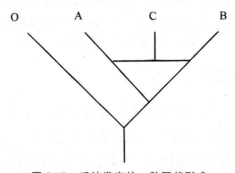

图 5-17　系统发育的一种网状形式

此外,构建系统发育网络还应用到其他许多种数学工具。例如,Mouhon 等人尝试用直接循环图(directed acyclic graph,DAG)和最大似然法构建人类 T-淋巴细胞病毒(HTLV)的系统发育网络。

3. 神经网络方法(neural network method)

人工神经网络是近年来逐渐发展起来的一种建模与分析工具,在生物学研究领域具有广泛应用。由于它可以通过"训练"过程来确定相关数据的关系,特别是二级和更高级的相关性,因此,该方法在系统发育分析中具有一定的潜力。另外,它还适用于非线性生物系统的进化与分类研究。

图 5-18 示出了一个简单的神经网络反映系统发育关系的例子。

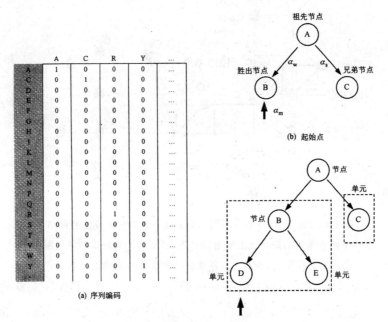

图 5-18　用神经网络构建系统树

(a)中的表格示出蛋白质序列之间的编码(相同:1;不同:0);

(b)表示网络的起始点,其中 B 和 C 两个物种由祖先节点相连接,α 表示权重;

(c)表示加入更多的物种,构建系统树。

5.3.4　方法比较

通过上述分析不难发现,有很多种构建分子系统树的方法,但是没有任何一种方法是可以适合于各种数据或各种条件的。在实际工作中,为了能够选择出合适的方法需要弄清楚各种方法的区别。下面从不同的角度对各种方法进行比较分析。

1. 假设

一般来说,不同的构树方法是建立在不同假设下的。了解这些假设对于理解各种方法(特别是当假设条件不满足时应慎用的方法)的应用范围会大有帮助。

　　在距离矩阵方法中，UPGMA 法隐含了所有分支中速率相等的假设。但是这一假设在很多实际情况下是并不成立的，特别是当序列长度较短时，使用该方法构建的系统树更容易造成错误。

　　邻接法没有速率一致的假设，而是采用"校正（速率）"矩阵，它依赖于距离系数的准确性。当序列较短时，对距离的估测可能仍有较大统计误差。

　　最大简约法并没有明晰的假设。当序列间的分歧度很小时，同型情形就少，简约法效果较好；反之，分歧度大时，同型情形很普遍，简约法效果较差。

　　最大似然法对于进化速率和核苷酸置换式样的假设十分明确，并且对违背假定的情形也不太敏感。但是这一方法的计算比较复杂。关于核苷酸置换模型与速率，现有的计算机程序尚未给用户提供足够多的选择。

2. 计算时间

　　不同的构树方法所消耗的计算时间也是各不相同的。

　　距离矩阵方法最为省时。

　　最大简约法需要比较大量可能的简约树。当 OTU 的数目大于 11 时，可能难以穷尽最简约的系统树。

　　分枝界限法能够节省运算的次数。当 OTU 数目很大时，可以使用"启发式方法"（例如，在 PAUP 软件包中均有多种选择）。

　　最大似然法最为费时。进化简约法在计算时间上要少于最大似然法和最大简约法，但多于距离矩阵法。

3. 估计一致性

　　如果将系统发育分析视为一种统计估计，统计学意义上的一致性（即统计量是否为参量的一致估计量）就可以一个指标用来评价各种构树方法的优劣。

　　距离矩阵方法在进化速率恒定的情况下是一致的。当进化速率变化时，除了 UPGMA 法，其他距离矩阵方法在距离估计准确时仍可获得一致估计量，而在进化速率变化时对距离做出准确的估计是问题的难点所在。

　　最大简约法的不一致性是 Felsenstein 在 1978 年发现的。

　　进化简约法在转换置换与颠换置换的比率为 1 时一致，反之则不然。

　　最大似然法的一致性取决于建立似然函数的进化模型。

4. 计算机模拟

　　如今越来越多的各种系统树构建方法的比较工作会应用到计算机模拟技术。

　　例如，Fitch 和 Atchley（1985）以及 Atchley 和 Fitch（1991）应用试验小鼠的遗传数据对于不同方法构建的系统树与实际系统发育的符合程度曾进行了分析比较。Saitou 和 Imanishi(1989)以及 Hasegawa 等(1991)应用模型树和计算机模拟方法对最大简约法、邻接法、最小进化法和最大似然法的结果进行过分析比较。通过该实验,得到如下结论:在进化速率恒定的假设下,最大简约法比邻接法略差,最小进化法和邻接法相近,最大似然法依赖于进化模型;在进化速率可变的假设下,最大简约法略差于转换距离法和邻接法的结果,最大似然法的结果最优;然而,如果转换置换的频率大大高于颠换置换时,邻接法优于最大似然法。

需要指出的是,在目前而言,使用计算机模拟技术检验不同构树方法尚且存在一定的主观性,特别是模拟参数的确定。为此,有关学者还研究了用实验进化(experimental evolution)的方法(即在实验室可控条件下获得真实的进化序列)来检验系统发育分析方法的有效性和可靠性。

5.4　系统发生树的可靠性

对于所构建的系统发生树,其可靠性可能会受到统计分析误差的影响。无论是使用何种系统发生树重建方法,都不一定能保证得到一棵描述比对序列进化历史的真实的树。对于不同建树方法的统计可靠性可以使用大量的模拟实验进行比较。通过模拟可以得到以下结论:一般地,对于某个数据集,如果用一种方法能推断出正确的系统发生关系,则用其他流行的方法也能得到较好的结果;但是,如果模拟数据集中序列的变化很大,或不同的分支变化速率不同,则几乎所有的方法都不是很可靠。总规则是,用截然不同的距离矩阵法和简约法分析一个数据集,如果能够产生相似的系统发生树,则可以认为这个树是相当可靠的。

在实际应用中,评价一棵系统发生树的可靠性需要考虑两个重要问题:第一,整棵树和它的组成部分(分支)的置信度是多少?第二,这样得到正确的树的可能性比随机选出一棵是正确的树的可能性大多少?

解决上述问题的方法有很多种,使用自举法(bootstrapping)的有效的重采样技术能够很好地解决第一个问题,而对两棵树进行简单的参数比较的方法则能够使第二个问题得到很好地解决。

5.4.1　自举检验

统计分析可以用于比较不同的构树方法,以及用于检验系统树的稳定性。通过系统发生分析推断出的树的不同部分可能有不同的置信度。作为一种现代统计技术,自举检验能粗略地量化这些置信度水平。数据采样误差是造成统计误差的一个关键因素,测量采样误差的一个好方法是,对于分析的对象多次采样,比较不同样本得到的估计值,估计值的分布可以说明一些问题。自举检验(bootstrap test)是一种重抽样技术,它能够使用与上述相同的原则,并且利用计算机随机地重采样数据,来确定采样误差和一些参数估计的置信区间。不同的是,我们并不进行实际的重采样,而是重采样数据的伪复本。

自举检验的基本方法是:从原数据集中抽取(同时替换)部分数据组成新的数据集,并以此构建系统发生树。不断地重复上述过程,就会产生成百上千的重采样数据集,同时生成对应的自举树,从而检验自举树对最终系统发生树各个分支的支持率。通过比较最终系统发生树与各个自举树,会发现在各个自举树中有些部分都有出现或大量出现,它们往往具有较高的置信度。产生相同分组的自举树的数目常常标注在系统发生树相应节点的旁边,表示树中每个部分的相对置信度。

如今,自举法在系统发生分析中已成为一种广受欢迎的算法。不过需要了解的是,有些系统发生树的构建方法会使自举过程非常耗时。

5.4.2　参数检验

由于简约法常常产生大量有相同代价的树,因此,难免会存在很多只比最简约树多一点点替换的树。简约规则表明,有最小替换数的树最可能描述序列间真实的进化关系。尽管对最简约树的最小替换数没有限制,但是,包含多重序列或不相似序列的数据集极易产生上千个替换。那么,就会产生这样的疑问:是否一棵有 10000 个替换的树比另一棵有 10001 个替换的树更有可能描述序列间的真实进化关系? 比起先前提出的另一棵描述物种间进化关系的树,最简约树是真实树的概率会大多少?

Kishino H 和 Hasegawa M 最早提出了一种参数检验的方法,对上述简约分析中的问题给出了回答。该方法具体步骤如下:首先假设比对中的各个信息位点彼此独立而且等价,并用两棵树的最小替换数之差 D 作为检验统计量;然后分别考虑每一个信息位点,通过下式计算反映 D 变化程度的 V 值:

$$V = \frac{n}{n-1} \sum_{i=1}^{n} \left(D_i - \frac{1}{n} \sum_{k=1}^{n} D_k \right)^2$$

其中,n 为信息位点的数目,D_i 为两棵树中各个信息位点替换数的差值。$n-1$ 个自由度的 t 检验可以用来检验空假设,即两棵树的替换数相等的情况:

$$t = \frac{D/n}{\sqrt{Vn}}$$

除了上述方法之外还有其他的一些参数检验方法,使用这些方法不但可以检验简约分析的结果,还可以检验距离矩阵法和最大似然法产生的树。

5.5　分子系统发育分析软件及应用

通过前面的分析可知,在目前有很多种系统发生树的构建方法,与此相对应的,还有许多系统发生树的构建软件。在实际的系统发育分析中,我们经常会使用一些免费的或者商业软件,PHYLIP、PAUP 和 MEGA 等都是其中比较典型的,它们分别提供了多种不同的分析方法,并处于不断地完善之中。本节主要是列举其中重要的几个软件进行介绍。

5.5.1　分子系统发育分析软件

1. PHYLIP

PHYLIP 是由美国华盛顿大学的 Joseph Felsenstein 发明的一款免费软件,可以通过 http://evolution.genetics.washington.edu/phylip.html 这一地址下载。PHYLIP 是目前使用较多的网上软件包,它发布最广、用户数量最多。PHYLIP 是目前使用较为广泛的系统发育程序,可以在 Mac、DOS、Windows、UNIX、VAX/VMS 等多种操作系统下运行。它主要包括以下几个程序组:分子序列组、距离矩阵组、基因频率组、离散字符组、进化树绘制组。

该软件包包含了大约 30 个程序,基本囊括了系统发育分析的所有方面。其具有强大的功能,超快的运算速度,但是用户界面过于简单,在使用多个不同的程序时操作复杂,尤其是对于初学者而言,使用起来非常不便。

PHYLIP 是命令行程序,如果是 Windows 操作系统,需要进入 DOS 方式,只需敲入程序名即可。程序会从名为"infile"的文件中自动读取数据;继而使用者可以根据提示从选项菜单中改变参数,或者直接使用默认值;参数设置完成后键入"Y",程序开始运行,结果输出到叫"outfile"(如果输出有树,则同时生成"treefile")的文件中;通常建树过程是一系列程序串联完成,也就是说前一个程序的输出结果通常作为后一个程序的输入。

DNAPARS 和 DNAML 是获得 DNA 系统树主程序的两种方法,它们分别采用了最简约法和最大似然法。通过帮助文件可以找到如何选择具体参数,并通过阅读加深对分子进化的理解。

蛋白质数据分析的程序主要有以下两种:

第一种:PROTDIST——距离法。该方法允许用户从 3 个氨基酸替代模型中

(PAM、Kimura 或 categories)选择其中之一。这个方法使用一张通过观察氨基酸转换得到的经验表,即 DayHoff PAM001 矩阵(DayHoff,1979)。一般来说,推荐使用第一种方法,并且这也是程序默认的方法。

第二种:PROTPARS——最简约法。该方法使用与 PROTDIST 不同的进化模型,它评估观察到的氨基酸序列转化的可能性时考虑潜在的核苷酸序列的转换。比如两个氨基酸之间的转化需要在核苷酸水平上进行 3 次非同义转换,这个转换的可能性比起那些潜在的核苷酸水平上只要进行两次非同义转换和一次同义转换的氨基酸转化的可能性要小。但是这个程序不提供氨基酸转化的经验矩阵。

2. PAUP

PAUP(swofford,1990)是最著名的系统发育分析商业软件,它同样具有广泛应用。该软件具有一个简单的、带有菜单的界面,程序与平台无关,功能丰富。该软件不是免费软件,使用者需要向开发者购买。

PAUP 使用一种称为 NEXUS 的数据格式,该格式还可以被 MACCLADE 程序使用。此外,PAUP 也可以输入 PHLIP、GCG-MSF、NBRF-PIR、HENNIG86 等数据格式。一旦格式出错,程序就会报告文件格式的错误,同时将数据文件打开并高亮显示错误的地方。

最早是在苹果机上开发的具有菜单界面的进化分析软件,早先版本只有 MP 法,后续版本已经包括距离法和 ML 法,现今有 mac、win、linux 等多种版本。目前,PAUP 中最多使用最简约法(MP),以及针对核苷酸数据的距离法和最大似然法(ML)来进行系统树的构建。其中,ML 法使用 fastDNAml 算法(Olsen et al.,1994)。PAUP 执行 Lake 不变方法(Swofford et al.,1996;Li,1997)。无论使用何种方式,都有多种选项可选择:MP 选项包括任意特征权重方案的说明;距离法可以选择 NJ、ME、FM 和 UPGMA 模式。从帮助中可以获得有关这些方法和模型的详细说明。将参数设为"estimate",执行"describe tree"命令,可以对任何系统树的参数进行评估。

由于 PAUP 对系统树进行重新排布时更加广泛,并且它对支长迭代的收敛标准更加严格,因此,可以说,PAUP 能够找到同 PHYLIP 一样好,甚至是更好的系统树。

当对系统树进行评估时,PAUP 采取无参数的自展法和折刀法,并且会在执行过程中用到这些建树方法的所有可用选项。首先,对 MP 方法进行自展分析或折刀分析时,由于 MP 系统树中分解性较差的部分用重新取样得到的数据操作时,其分解性会更差,由重新取样得到的数据找出来的系统树数目很可能是一个天文数字,故常常需要将 MAXTREES 设为 10～100 之间的数。另外,PAUP 执行 Kishino-Hasegawa 测试可以对系统树进行多种比较评估。

此外,为了便于查询等操作,PAUP 进行了很多相关方面的设置,例如,当对一些设置感到迷惑时,可以使用菜单或者在合适的地方直接键入"{命令名}?",从而获得及时帮助。PAUP 在输入输出方面也进行了很好的设计,一方面可以对输入数据很方便地进行编辑,另一方面系统树的结果也可以输出为多种格式的图形文件。

3. PAML

PAML(Yang et al. ,1997,2000)由英国伦敦学院 Z. H. YANG 开发。它同样是免费软件包,在 http://abacus. gene. ucl. ac. uk/software/paml. html 可以下载软件及说明书。该软件包已经在 Macintosh 和 PC 计算机上编译通过。

对于密码子数据和氨基酸数据,该程序提供了最详细和最灵活的参数指定和评估方案;对于核苷酸数据(BASEML 和 BASEMLG),替代模型具有同 PAUP 一样广泛的范围,并包括了所有值得考虑的模型。PAML 执行额外的模型:相邻位点的速率相关性(自动—离散—gamma 模型)和一个多基因模型,这个模型允许对每个基因指定替代模型。后者在分析来自在不同约束下进化的基因的混合数据时能够起到重要作用。

使用 PAML 能够进行 ML 模型的建立和系统树的构建和评估。改善系统树可以通过以下步骤进行:首先,使用 PHLIP 或 PAUP 构建系统树;随后,使用 PAML 来评估是否加入这些参数以改善似然值。

除了上述功能之外,PAML 另外一个很重要很前沿的功能是估计每个密码子位点可能受到的选择压。选择压的估计在进化上占有重要地位,并且也是非常具有理论意义的。大部分基因在进化过程中都会受到负选择压力,不过需要明白的是,即使一个基因总体上是受负选择压,但是由于不同位点具有不同的功能,它们也会受到不同的压力,甚至有些位点是受正选择压力的。

PAML 中的 CODONML 及其相关程序将会对这个假设进行检验,用不同模型获得每个密码子位点受到某种选择压的概率。

通过上述分析不难看出,该软件具有很多方面的优点。即便如此,其难免存在一些不足。该软件学习起来具有很大的难度。那些初次接触该软件的人必须一开始就把手册摆在电脑旁边,甚至有些人翻烂手册也无法找到头绪。

4. CLUSTALW

Clustal W 多序列比较模块中的多序列比较算法依三个阶段顺序展开:第一阶段为进行所有序列之间的两两比较,计算出它们之间的分化距离矩阵;第二阶段是从分化矩阵中计算出作为指导多序列比较顺序的树状分枝图;第三阶段根据树状分枝图的分支关系,按照分化顺序逐个地把序列加入多序列比较过程。

在上述过程中会产生两个文件,一个是多序列比较的结果,另一个就是作为多序列比较指导的树状分枝树。

5. FastDNAml

FastDNAml(Olsen et al.,1994)是一个独立的最大似然法建树程序,它并不是当前版本的 PHYLIP 软件包的一员。不过,FastDNAml 的输入输出约定在很大程度上与 PHYLIP 相同,并且连 DNAML 的结果也非常相似,甚至完全相同。

FastDNAml 可以在并行处理机上运行,而且自带大量有用的脚本。使用者必须具备一定的 Unix 知识才能充分利用这个程序。RDP Web 站点公布了 Unix 和 VAX/VMS 平台的程序源码,Power Macintosh 版本的程序源码则可以通过 FTP 获得(http://rdp.1ife.uiuc.edu|RDP|commands|sgtree.html)。

6. MACCLADE

MACCLADE(Maddison & Maddison,1992)是一个交互式的 Macintosh 程序,能够对系统树和数据进行操作,研究特性状态的系统发育行为。

MACCLADE 的使用格式是 NEXUS,可以读取 PAUP 格式的数据和系统树文件,也可以读取 PHYLIP、NBRF-PIR 格式的文件和文本文件。MACCLADE 的功能是严格基于简约法的,一方面它可以使用任何方法产生系统树,另一方面它还允许使用者追踪任意系统树上的每一个单独特性状态的进化轨迹。其 MP 和 ML 具有不同的重新构建的功能,且 ML 功能据称更加实际(Swofford et al.,1996)。系统树的拓扑结构可以通过拖动树枝进行操作。

7. MEGA plus METREE

MEGA(Kumar et al.,1994)是美国宾州州立大学 Masatoshi Nei 开发的一个关于序列分析以及比较统计的 DOS 程序的软件,可通过以下网址找到:http://www.megasoftware.net。针对核苷酸数据建立的系统树,MEGA 效果与 PAUP 或 PHYLIP 相比相差甚远。它可以通过密码子数据和氨基酸数据建立距离系统树,但是由于使用的是太过于简单的替代模型,因此,对于绝大多数数据集不能产生可靠的系统树。

其 Windows 测试版本的输入格式只能是 MEGA 格式,如果出现其他格式的输入,数据会在 MEGA 程序弹出的一个文本编辑窗口。另外,它在输出方面也做了较大改进,比如有一个系统树浏览器,能浏览和编辑系统树并以二进制方式保存为 *.mrs 的 MEGA 能识别的系统树文件。测试版拥有系统树测试、选择方式的测试和相对进化速率测试等多种测试程序,并且相对进化速率测试可以针对两个序列或两个序列集,不过它并没有将自身功能全部整合到测试版中去。

8. MOLPHY

MOLPHY(Adachi & Hasegawa,1996)由日本国立统计数理研究所开发。它是共享软件包,可通过以下网址下载 http://www.ism.ac.jp/software/ismlib/softother.e.html♯molphy。使用它可以进行 ML 分析以及核苷酸序列或者氨基酸序列的统计。MOLPHY 在 Sun OS 和 HP9000/700 系统上经过测试,使用者需要对 Unix 操作系统有一定的了解,这样才能更便于使用。

MOLPHY 有很多方面的用途,例如,进行 NEXUS、MEGA 和 PHYLIP 文件之间的数据文件格式的转换,从 EMBL 或者 GeneBank 的核苷酸序列文件中提取编码区域。

MOLPHY 的 ML 程序与 PHYLIP 中的 ML 程序很相似,不同之处在于其氨基酸替代模型的范围很广,而且有很多选项能够进行快速的启发式搜索,其中包括一个选项能可以对这个子树进行自展分析以搜索更好的 ML 系统树。输出结果包括分支长度评估以及标准偏差。尽管它允许用户自行指定参数,MOLPHY 使用 PAUP 提供的核苷酸替代模型中的一个子集。

5.5.2 分子系统发育应用实例

【例5】 Leitner 等(1996,1999)详细研究了一个瑞典-海地 HIV 病毒感染人群,获知了如图 5-19 所示的传染途径和感染与否的信息。现已知如下信息:图中 p1(男性)于 1980 年在海地感染 HIV,他与每位女性有性关系,其中 6 位(p2、p4、p5、p7、p8 和 pl1)已被检测出 HIV 阳性;这些女性又使得两位男性(p6 和 p10)及两位子女(p3 和 p9)感染 HIV。

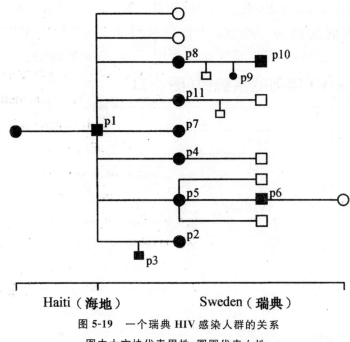

图 5-19　一个瑞典 HIV 感染人群的关系

图中大方块代表男性，圆圈代表女性，

小方块和小圆圈代表子女，实心表示已感染

综合上述信息，可以得到如图 5-20 所示的系统发育关系。可以认为这是一个"真实的"系统树，能用于对使用其他方法重建的系统发育关系的检验。

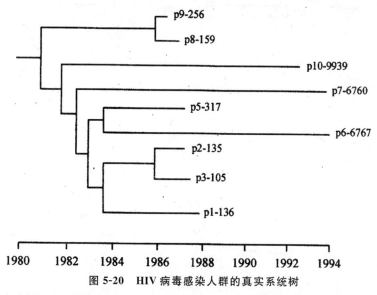

图 5-20　HIV 病毒感染人群的真实系统树

上述 9 个样本分别测定 HIV-1 基因组的 $envV3$ 和 $P17gag$ 区序列。

在这里可以使用四种方法，如最大简约法（MP）、邻接法（NJ）（Jukes-Cantor

单参数距离)、Fitch-Margoliash 法(FM)和最大似然法(ML)等来构建系统树;并且,可以使用自展次数为 100 次;计算机软件采用的是 PAUP4.0 * (MP)和PHYLIP3.52(NJ、FM)。所有系统树都是用 TreeView 输出的。

1. 基于 *envV3* 序列的系统树(图 5-21)

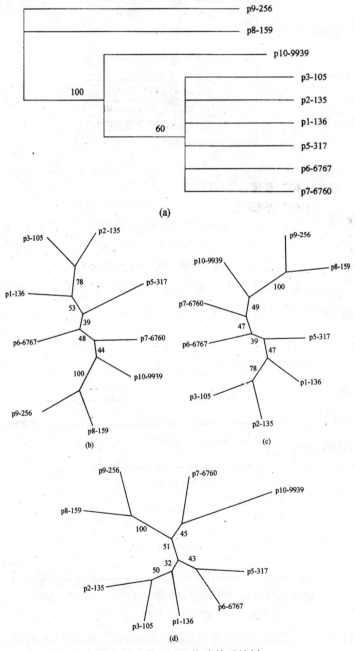

图 5-21 用 envV3 构建的系统树

(a)MP;(b)NJ;(c)FM;(d)ML

构树方法具体如下。

(1)MP 树[图 5-21(a)]

位点为 285 个,其中的 36 个可变位点,33 个为信息位点。

参数设置:bootstrap nreps＝100。

结果:树长＝105,CI＝0.7143,m＝0.2857,RI＝0.3750,RC＝0.2679

(2)NJ 树[图 5-21(b)]

①运行 SEQBOOT 程序;seed＝1;R＝100。

②将输出 Outfile 另存,并将其作为 DNADIST 程序的输入文件;D＝Jukes-Cantor;M＝100。

③将 Outfile 另存,作为 NEIGHBOR 程序的输入文件;N＝neighbor-joining;M＝100。

④将 Treefile 另存,作为 CONSENSUS 程序的输入文件;获得结果(Treefile 和 Outfile)。

(3)FM 树[图 5-21(c)]

①②④同"NJ 树"步骤①②④。

③运行 FITCH 程序。

(4)ML 树[图 5-21(d)]

①同"NJ 树"步骤①。

②运行 ML

Transition/Transversion ratio＝1;M＝100。

③同"NJ 树"步骤④。

2. 基于 HIV-1 基因组 $P17gag$ 区序列构建的系统树

它可以使用同样的方法构树,获得的系统树分别为 MP[图 5-22(a)]、NJ[图 5-22(b)]、FM[图 5-22(c)]和 ML[图 5-22(d)]。

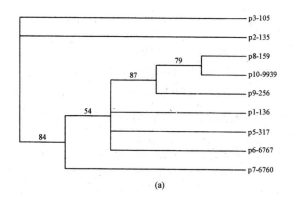

(a)

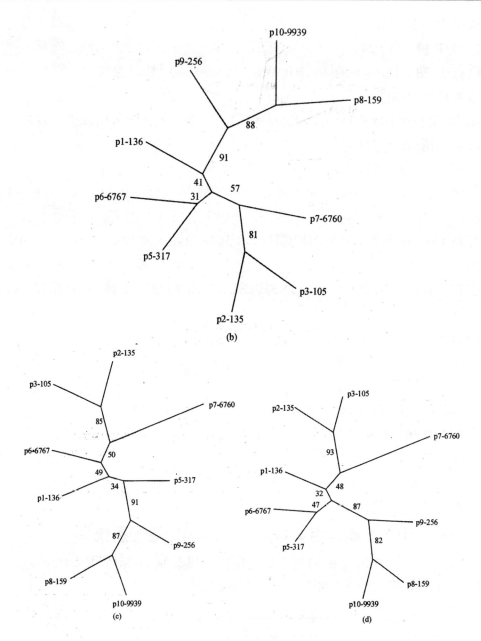

图 5-22　用川 7g 昭构建的系统树

(a)MP;(b)NJ;(c)FM;(d)ML

构建 MP 树时,位点 483 个,其中 38 个可变位点,16 个信息位点。

结果:树长＝68,CI＝0.8235,HI＝0.1768,RI＝0.6000,RC＝0.4941。

3. 结果分析

对前面的图 5-21 和图 5-22 进行分析不难发现,使用上述方法构建的系统树能够说明以下两个方面的问题。

第一,基因方面的差异。NJ、FM 和 ML 树对不同基因的结果基本上是一致的。其中 p2 和 p3 是一对姊妹群,p8、p9 和 p10 为一个单系类群,均获得 50% 以上的支持率。

第二,方法方面的差异。4 种方法获得的结果之间还是存在明显的差异,其中尤其以 MP 方法的差别最为突出。这主要是因为尽管两个基因分别超过 200 个和 300 个位点,但过少的可变位点和简约性信息位点都使得使用 MP 方法难以重建其系统发育关系。

需要说明的是,上述过程中对数据进行了一些简化处理。如果读者感兴趣可参阅原始文献,或者自行用其他方法或选择其他参数运算。

【例 6】 脊椎动物血红蛋白由 4 条多肽链(两种亚基)组成,其成体动物中的血红蛋白主要含有两条 α 链(141 个氨基酸),两条 β 链(146 个氨基酸),但根据机体发育阶段的不同可能还会表达 γ 链、σ 链、ε 链和 ζ 链。血红蛋白多肽链内部的血红素分子是一种含铁的卟啉化合物,其与氧协同结合,起到运送或存储氧气的作用。表 5-5 是人、马、牛、鲤鱼的血红蛋白 α 链氨基酸数目的差异情况。

表 5-5 人、马、牛、鲤鱼的血红蛋白 α 链氨基酸数目的差异

生物种类	人	马	牛	鲤鱼
人	—	18(0.129)	16(0.114)	68(0.486)
马	0.138	—	18(0.129)	66(0.486)
牛	0.121	0.138	—	65(0.464)
鲤鱼	0.666	0.637	0.624	—

注:(1)表中是 140 个氨基酸比较的结果;(2)上三角中的数字是两个物种间 α 链相差的氨基酸数目;(3)上三角括号中的数字是两个物种间 α 链相异氨基酸的比率;(4)下三角中的数字表示两个物种之间各个位置氨基酸替换的平均数估算值(δ)。

根据上述信息,由分子系统分析软件,可推知(推导过程略)鱼类对哺乳类动物的相对进化时间为 $T = 0.642/0.132 \approx 4.9$ 倍。

根据地质学资料的估算,鱼类起源于 3.5～4.0 亿年前,而哺乳类动物起源于 7500～8000 万年前,即鱼类对哺乳类的相对进化时间大约为 5 倍。由此可见,分子水平的估算数据与地质学数据非常接近。

【例 7】 已知洼地绵羊、滩羊、大尾寒羊、小尾寒羊和鲁北白山羊(分别用 W、T、D、X 和 LB 表示)这 5 种绵山羊亚科动物的线粒体 Cyt b 基因序列,进行多重序列比对后可以得到如图 5-23 所示的结果。

图 5-23　洼地绵羊(W)、滩羊(T)、大尾寒羊(D)、

小尾寒羊(X)和鲁北白山羊(LB)

从多重序列比对的结果中可获得这 5 条序列间的碱基失配数目,根据 UPG-MA 法逐步构建如下的 3 个距离矩阵:

物种	W	T	D	X
T	0			
D	2	2		
X	5	5	7	
LB	39	39	39	42

矩阵(1)

物种	WT	D	X
D	2		
X	5	7	
LB	39	39	42

矩阵(2)

物种	WTD	X
X	6	
LB	39	42

矩阵(3)

因此,最终可以得到如图 5-24 的系统发生树。

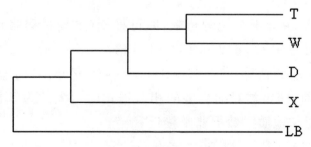

图 5-24　系统发生树

洼地绵羊(W)、滩羊(T)、大尾寒羊(D)、小尾寒羊(X)和鲁北白山羊(LB)

习题

1. 什么是系统发生分析？
2. 分子系统发生分析的过程是怎样的？
3. 分子系统树的构建方法有哪几种？如何选择？
4. 说明距离法与最大简约法的本质区别。
5. 系统发生树的可靠性如何检验？
6. 试着从分子数据库下载 10 条基因序列构建禽流感病毒的系统发生树。
7. 找一组序列并使用 PHYLIP 软件包中的不同方法分别进行系统发育分析。

第6章　生物信息学与生物芯片

生物信息学和基因芯片是生命科学研究领域的两种新方法和新技术,生物信息学与基因芯片密切相关,生物信息学促进了基因芯片的研究和应用,而基因芯片丰富了生物信息学的研究内容。

生物芯片被称之为20世纪生物学最重大的发明技术之一,本章先对生物芯片做一简要介绍,然后从芯片的分类、基本原理、数据处理与分析、应用、新型生物芯片技术几个方面介绍生物芯片相关知识。

6.1　概述

6.1.1　生物芯片的产生

1. 产生背景

随着重要物种基因组测序工作的相继完成,阐明基因的功能已经成为生物学研究的重要任务,应运而生的生物芯片技术正是实现这一目标的重要手段。正如微电子芯片技术在近几十年里极大地改变了人类的生活方式一样,生物芯片技术将是又一次具有深远意义的科学技术革命。作为基因产业的一部分,生物芯片可广泛应用于医学临床诊断、新药研发、环境监测以及农业生产等领域。生物芯片技术的发展将极大地改变生命科学的研究方式、革新医学诊断和治疗观念,对人类生活产生深远的影响。

2. 发展史

生物芯片技术是近年来物理学、微电子学与分子生物学综合交叉形成的高新技术。20世纪90年代初开始实施的人类基因组计划取得了巨大的进展。基因序列数据正在以前所未有的速度膨胀。生物芯片的发展过程主要可以概括为以下几方面:

20世纪60年代,用放射性同位素标记抗体来检测抗原。

20世纪70年代发展的Southern Bloting技术是在有孔的固相基质上固定核酸,并利用"杂交"原理来检测核酸的多态性,被看做是最早的一种生物芯片。

20 世纪 80 年代,俄罗斯国家科学院恩格尔分子生物学研究所和美国阿贡国家实验室开始探索生物芯片技术。

1989 年,美国 AFFYMETRIX 公司诞生了世界上第一块原位合成基因芯片。

1992 年,斯坦福大学 P. B. Brown 实验室发布了世界第一个微阵列技术。

2004 年,全球有超过 2000 家公司和实验室从事生物芯片相关研究和产业。

6.1.2　生物芯片的概念

生物芯片是一块指甲大小($1cm^3$)的有多聚赖氨酸包被的硅片或其他固体支持物(如玻璃片、硅片、聚丙烯膜、硝酸纤维素膜、尼龙膜等),能快速并行处理多个生物样品并对其所包含的各种生物信息进行解析的微型器件。生物芯片最初目标是用于 DNA 序列的测定、基因表达谱鉴定和基因突变体的检测与分析,所以它又被称为 DNA 芯片或基因芯片。因为这一技术已扩展至免疫反应、受体结合等非核酸领域,所以统称为生物芯片。

生物芯片的概念有广义和狭义之分:狭义生物芯片是指包埋在固相载体(如硅片、玻璃和塑料等)上的高密度 DNA、蛋白质、细胞等微阵列芯片,如 cDNA 微阵列、寡核苷酸微阵列和蛋白质微阵列等;广义生物芯片是指任何能对生物分子进行快速处理和分析的微型固体器件。这些微阵列由生物活性物质以点阵的形式有序地固定在固相载体上形成。在一定的条件下进行生化反应,用荧光法、酶标法、电化学法等显示其反应结果,然后用专用的芯片扫描仪或电子信号检测仪采集数据,最后通过专门的软件进行数据分析。

基因芯片的相关技术包括:基因芯片设计、基因芯片制备、靶基因的制备、杂交和检测、检测结果分析等,如图 6-1 所示。

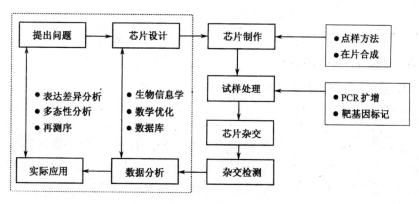

图 6-1　基因芯片的相关技术示意图

（1）基因芯片设计

芯片制备是先将玻璃片或硅片进行表面处理，然后使 DNA 片断或蛋白质分子等生物分子按顺序排列在芯片上的过程。

（2）样品的制备

生物样品往往是非常复杂的生物分子混合体，除少数特殊样品外，一般不能直接与芯片反应。可将样品进行处理，获取其中的蛋白质或 DNA、RNA，并且加以标记，以提高检测的灵敏度。

（3）生物分子反应

生物分子反应为芯片上的生物分子之间的反应，是芯片检测的关键一步。通过选择合适的反应条件使生物分子间反应处于最佳状态中，减少生物分子之间的错配率。

（4）信号检测

常用的芯片信号检测方法是将芯片置入芯片扫描仪中，进行信号检测，以获得有关生物学信息。

随着基因芯片需求和应用的不断增长，基因芯片及其相关的研究内容将会越来越丰富，可以预期，基因芯片或生物芯片不久将会形成一门独立的学科。生物信息学是分析处理生物分子信息、揭示生物分子信息内涵的一种技术（孙啸，1998），它在基因芯片研究与应用中起着重要的作用。从确定基因芯片检测对象到基因芯片设计，从芯片检测结果分析到实验数据管理和信息挖掘，无不需要生物信息学的支持和帮助。图 6-1 中的虚框表明了生物信息学在基因芯片研究与应用中的作用范围。

6.1.3　生物芯片的分类

随着生物信息学的迅速发展，有关基因芯片的分类方式也日益增多，目前应用最广泛的分类方式如下：

1. 按结构与功能特点分类

（1）微阵列芯片

①DNA 微阵列芯片。又称基因芯片（Genechip）。它是在基因探针的基础上研制开发的，它将多达成千上万种 DNA 探针分子按照一定顺序排列在固相载体（多数采用玻片）上组成密集的微阵列，利用核酸"杂交"原理对靶核酸进行检测分析。

DNA 微阵列芯片又可分为：机械点样 DNA 微阵列芯片、原位光导合成寡核苷酸阵列芯片、DNA-三维衬垫阵列芯片。基因芯片技术的主要特点是技术操作简单、自动化程度高、序列数量大、检测效率高、应用范围广、成本相对低。

②蛋白质微阵列芯片。将大量纯化的蛋白分子按一定的排列规律连接于玻片上,形成密集的微阵列,进行高通量的生物活性检测、蛋白质-靶标分子(蛋白质、抗体、DNA、RNA)相互作用研究。根据芯片上微阵列的结构特点可分为:玻片平滑面微点阵芯片、微池阵列芯片、三维凝胶阵列芯片。

(2)微流路芯片

采用半导体微加工技术和(或)微电子工艺在芯片上构建微流路系统(由储液池、微反应室、微通道、微电极、微电路中的一种或几种组成),加载生物样品和反应液后,在压力泵或电场的作用下形成微流路,于芯片上进行一种或连续多种的反应,达到对样品的高通量快速分析的目的。如流过式芯片、微电子芯片又称生物电子芯片、PCR 芯片、毛细管电泳芯片、毛细管层析芯片、多功能集成芯片、蛋白质分析微流路芯片。

目前微流路芯片主要应用于核酸研究,但也有应用于蛋白质及其他生物分子的研究(基本上是基于毛细管电泳芯片之上)。蛋白质分析微流路芯片还可以进一步分为蛋白质样品分离微流路芯片、酶分析微流路芯片和免疫分析微流路芯片。

(3)芯片实验室

芯片实验室(laboratory on chip,LOC)也称微型全分析系统(micro total analytical system,MTAS),是生物芯片技术发展的方向。它把生物和化学等领域中所涉及的样品制备(包括从原始样品抽提、纯化或富集待检测物质)、生物与化学反应(包括酶切、混合、温育、"杂交"等)、分离检测(包括毛细管电泳、荧光、电化学发光、电学参数的测量等)等基本操作环节集成或基本集成到一块几平方厘米的芯片上,用以完成不同的生物或化学反应过程,并对其产物进行分析的一种技术。

芯片实验室通过分析化学、微机电系统、计算机、电子学、材料科学与生物学、医学和工程学等交叉来实现检测,即实现从试样处理到检测的整体微型化、自动化与集成化。由于芯片实验室是利用微加工技术,浓缩了整个实验室所需的设备,化验、检测以及显示等都会在一块基因芯片上完成,所需样品量极微,因此成本相对比较低廉,使用非常方便。

2. 从所用的支持物分类

从所用的支持物可分为以下几类:

①薄膜型。如聚丙烯膜、硝酸纤维素膜、尼纶膜。

②玻片型。这种芯片的点阵是通过原位合成技术等制作的,点阵密度很高,但须借助于特殊的仪器对测定结果进行解读和分析。当前具有此类产品研制能力的公司很少(如 Affymetric 公司)。

③微板型。这种芯片是一种具有高密度小容量测试孔的小型酶联免疫检测板(如 PE 公司等)。

④集成电路型。将杂交技术与微电子技术结合于一体有目的地通过电子装置检测或控制 DNA 等生物大分子的作用过程(如 Nanogen 公司)。

3. 根据探针的类型和长度分类

(1)较长的 DNA 探针芯片

这类芯片的探针往往是 PCR 的产物,其探针长度大于 100mer,通过点样方法将探针固定在芯片上,主要用于 RNA 的表达分析。

(2)短的寡核苷酸探针芯片

其探针长度为 25mer 左右,一般通过在片(原位)合成方法得到,这类芯片既可用于 RNA 的表达监控,也可以用于核酸序列分析。

6.2 基因芯片的基本原理

基因芯片的原理是 20 世纪 80 年代中期提出的。基因芯片的基本原理是通过杂交的方法,即通过与一组已知序列的核酸探针杂交进行核酸的分析。

基因芯片包括两种模式:一是将靶 DNA 固定于支持物上,适合于同一探针对不同靶 DNA 的分析;二是将大量探针分子固定于支持物上,适合于对同一靶 DNA 进行不同探针序列的分析。根据基因芯片的应用基因芯片又主要分为两大类:用于研究基因型和用于检测 RNA 的表达。从本质上来讲,前者实际上是利用基因芯片进行序列分析,其中包括识别 DNA 序列的突变和研究 DNA 的多态性;而后者则是利用基因芯片研究序列的功能。

6.2.1 生物芯片的设计

基因芯片设计是芯片应用流程中的关键环节,芯片设计结果将影响后续的各个环节,一片基因芯片是否实用,很大程度上取决于芯片设计结果。基因芯片设计的任务是:形成探针阵列,产生芯片制备文件,使所设计的芯片能够提取更多的生物分子信息,并通过设计提高信息的可靠性。

1. 基因芯片设计的一般性原则

基因芯片设计主要包括两个方面:①探针的设计,即如何选择芯片上的探针;②探针在芯片上的布局,即如何将探针排布在芯片上。

探针设计的关键是为每个基因找到特异性的探针,设计在保证探针特异性的同时还要保证其杂交行为的一致性。在进行探针设计和布局时必须注意以下几方面:

①互补性。探针与待检的目标序列片段互补。

②敏感性和特异性。要求探针仅仅对特定目标序列片段感,而对其他序列不产生杂交信号。

③容错性。通过探针设计,提高基因芯片测的容错性,常用的方法是使用冗余探针。

④可靠性。通过探针设计,提高基芯片检测的可靠性。

⑤可控性。在基因芯片上设置质量监控探针,以便于监控因芯片产品的质量。

⑥可读性。通过探针布局,使得最终的杂交检测图像便于观察理解,如将检测相关基因的探针放在芯片上相邻的区域。高信号量的探针要影响到其他探针的信号。

2. cDNA 芯片与寡核苷酸芯片的设计

高密度基因芯片设计主要包括 3 个方面的任务:确定待检测的目标序列、设计寡核苷酸探针和优化芯片。

(1)确定目标序列

对于一个具体的基因芯片,首先根据基因芯片类型和所要解决的问题,利用生物信息学方法确定芯片所要检测的目标序列。

确定所要检测的目标序列有两种方法。一种方法是根据基因名称或功能等,直接查询生物分子信息数据库,如 EMBL 和 GenBank,提取相应的 DNA 序列数据,作为基因芯片探针设计的参照目标序列。在进行芯片设计时,根据参照序列设计一系列探针,以检测序列的每个位置上可能发生的变化。这种方法多用于再测序或研究基因多态性的芯片。

另一种方法是从一个完整的基因序列中,提取特征序列作为目标序列。若一个基因芯片的目标是检测特定的基因,则检测对象不必是整个基因序列,只要检测能够代表该基因的一小段特征序列即可。具体做法是:从完整的基因序列中选取若干个序列片段,使这些序列片段满足一定的约束条件,这些约束条件包括片段长度的限制和片段上碱基分布的限制。将这些片段与核酸数据库 EMBL 中的序列进行比较,最后取碱基等同比例小于一定阈值的片段作为特征片段。这种确定目标序列的方法多用于基因检测型芯片或基因表达型芯片。

（2）探针设计

在探针设计方面,最重要的是所有探针的杂交温度要尽量接近。为了提高芯片对杂交错配的辨别能力,人们提出了一种优化设计方法。该方法的基本思想是通过动态调节各个探针的长度及探针之间的覆盖长度,使所设计的各个探针的解链温度 T_m 最大程度地保持一致,从而有效地提高对碱基杂交错配的辨别能力,提高基因芯片检测结桌的可靠性。

在探针设计中,序列特异性的寡核苷酸探针的设计方法发展得比较成熟,已有很多现成的设计软件,如 OligoWiz、PROBEmer、OligoArray、OligoPicker、ROSO、Osprey 和 Picky 等。这些方法可分为三类。

①使用 BLAST 进行特异性探针的筛选。

通过使用不同的运行参数使筛选具有一定的倾向性,然后依据杂交热力学分析对探针设定一些限制条件,得到优化的寡核苷酸探针。采用此类方法的软件包括 OligoWiz、OligoArray、OligoPicker 和 ROSO。

②直接通过预测杂交结合自由能来衡量探针的特异性。

通过 BLAST 或后缀数组匹配,只能在序列特征方面对特异性进行评价,而通过预测杂交结合自由能,就能在杂交动力学上对探针的特异性进行更准确的描述,但是这种方法的计算复杂度很高,需要在算法上进行必要的优化。采用此类方法的软件包括 Osprey。

③直接通过预测杂交结合自由能来衡量探针的特异性。

通过 BLAST 或后缀数组匹配,只能在序列特征方面对特异性进行评价,而通过预测杂交结合自由能,就能在杂交动力学上对探针的特异性进行更准确的描述,但是这种方法的计算复杂度很高,需要在算法上进行必要的优化。采用此类方法的软件包括 Osprey。

（3）芯片优化

cDNA 芯片制备一般采用点样法,多用于基因表达的监控和分析。寡核苷酸芯片制备一般采用在片合成方法。优化是寡核苷酸芯片设计的一个重要环节,包括探针的优化和整个芯片设计结果的优化。

3. 可靠性评估

基因芯片是一个包括很多环节的复杂系统,由于技术上的限制,在基因芯片制备、杂交及检测等方面都可能出现误差,芯片检测结果并非完全可靠。因此,必须对芯片检测结果进行可靠性评价。可靠性分析可以从如下两个方面进行。

①根据实验统计误差(如探针合成的错误率、全匹配探针与错配探针的误识率等),分析基因芯片最终实验结果的可靠性。

②对基因芯片与样本序列杂交过程进行分子动力学研究,建立芯片杂交过程的计算机仿真实验模型,以便在制作芯片之前分析所设计芯片的性能,预测芯片实验结果的可靠性。

6.2.2　生物芯片的制备

生物芯片利用空间位置固定事先已知的核酸、蛋白质、脂质和碳水化合物分子。芯片技术对固定相分子的要求较高,要求生物分子固定在芯片基质上之后仍要保持生物活性的稳定,而且在分子杂交反应和洗片等处理过程中要能稳定抓牢所亲和的分子,防止其在杂交洗涤过程中被冲洗掉,保证检测信息的准确可靠。

生物芯片具体制备步骤主要包括芯片制备、生物样品的制备、分子杂交、检测分析等四个步骤。

芯片的制备包括支持物的选择和预处理、点样(探针接枝)和点样后处理三个方面。

1. 芯片片基

制备芯片的载体材料首先必须具有良好的光学性质,能利用光的反射和投射检测。此外,芯片基质还具有以下特征:

①表面带有活性基团,以便与生物分子进行偶联。

②单位载体上结合的生物分子达到最佳容量。

③应当是惰性的且具有较好的稳定性,包括机械的、物理的和化学的稳定性。

④具有良好的生物兼容性。

芯片片基的形状要求片状或膜状。目前可用于制作生物芯片的载体材料很多,大致可分为 4 类:无机材料、天然有机聚合物、人工合成的有机高分子聚合物、由高分子聚合物制成的膜,其中被普遍采用的是膜和玻璃片这两种材料。有机膜与玻片相比,膜的优点是与核酸亲和力强,杂交技术成熟,通常无需另外包被。由于尼龙膜与核酸的结合能力、韧性、强度都比较理想,以膜为片基的芯片绝大多数采用尼龙膜。玻片特征:可以加工成表面特别清洁和平滑;经表面化学处理后是一种持久的载体,可耐受高温和高离子强度;玻片具有不浸润性,使杂交体积降低到最小,因此杂交的微环境也容易稳定控制;玻片的荧光信号本底低,不会造成很强的背景干扰；玻璃芯片可使用双荧光甚至多荧光杂交系统，可在一个反应中同时对两个以上的样本进行平行处理。以玻璃为载体的芯片更具有发展和应用的前景。

2. 生物分子与芯片结合

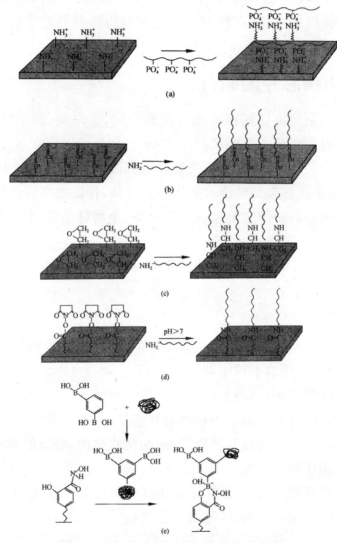

图 6-2　芯片片基表面活性基团与生物分子结合

根据表面修饰的化学活性基团不同，用于制备核酸的载体可分为氨基修饰载体、羧基修饰载体、醛基修饰载体、疏基修饰载体、环氧基修饰载体等。不同的载体应采用与之相适应的活化剂使载体表面活化。根据芯片基片表面的活性基团的类型，芯片可以分为氨基片、醛基片、环氧乙基片和 M 羟基琥珀酰亚胺酯片等（Venkatasubbarao，2004），如图 6-2 所示。其中三种常用的片基类型为氨基片、醛基片和环氧乙基片,可根据不同的需要来选用,例如,对大分子 DNA(BAC 文库或基因组大片段)的吸附要用氨基片,对寡聚核苷梭或小片段 DNA 要用醛基片。

(a)表面为氨基,直接与核酸分子的磷酸基团靠电荷作用相结合的氨基片;(b)醛基片表面的醛基直接与生物分子的氨基共价结合;(c)环氧已基片表面的环氧已基直接与生物分子的氨基共价结合;(d)N-羟基琥珀酰亚胺酯片表面的N-羟基琥珀酰亚胺酯基直接与生物分子的氨基共价结合;(e)能结合用苯硼酸修饰的蛋白分子的水杨氧肟酸片。

3. 生物芯片的制作

用于制作芯片的基质表面都具有特异的活性基团,根据与生物分子的结合特性来选用能与要研究的生物活性分子特异亲和的芯片片基类型。芯片的制备方法有两种类型:

(1)直接点样法

该方法的相对技术要求不高,是目前最常用的方法。点样法是将预先合成好的探针或经 PCR 扩增纯化的 cDNA 或基因组 DNA,通过阵列复制器、阵列点样机或机器人准确、快速地点样于带正电荷的尼龙膜或硅片等相应位置上,再由紫外线交联固定即可得到 DNA 微阵列芯片。

点样的方式分为接触式点样和非接触式点样两种(图 6-3)。接触式点样(打印法),即点样针直接与固相支持物表面接触,将 DNA 样品留在固相支持物上(图 6-3(a);非接触式点样(喷印法),即喷点,它是采用压电原理将DNA 样品通过毛细管直接喷至固相支持物表面[图 6-3(b)]。打印法的优点是探针密度高,通常 $1cm^2$ 可打印 2500 个探针;缺点是定量准确性及重现性不好,打印针易堵塞且使用

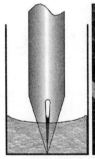

(a)接触式点样仪　　(b)非接触式点样仪

图 6-3　芯片点样仪

寿命有限。喷印法的优点是定量准确,重现性好,使用寿命长;缺点是喷印的斑点大,因此探针密度低,通常只有 $1cm^2$400 点。点样机器人是一套计算机控制三维移动装置,有多个打印/喷印头和一个减震底座,上面可放内盛探针的多孔板和多个芯片。根据需要还可配备温度和湿度控制装置、针洗涤装置。打印/喷印针将样品从多孔板取出,直接打印或喷印于芯片上。

（2）原位合成法

原位合成是目前制造高密度寡核苷酸芯片较为成功的方法。原位合成即在支持物表面原位合成寡核苷酸探针。

原位合成法有两种途径：一是由 Affymetrix 公司所开发的原位光合成，该方法是微加工技术中光刻工艺与光化学合成法相结合的产物。它用预先制作的蔽光膜和经过修饰的 4 种碱基，通过光照活化而以固相方式合成微点阵（图 6-4）。另外一种原位合成法是压电保护法，该方法可以合成高密度的阵列，但其缺点是耗时、操作复杂，而且为保证在不同位点加上不同的单体，需在不同的位点合成不同的探针，并不断更换不同的蔽光膜，如合成一个含 25 个碱基的探针的微阵列，一般需更换 100 个蔽光膜，需一天多的时间才能完成。

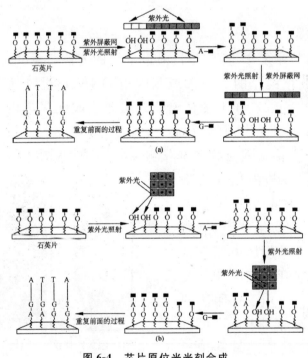

图 6-4　芯片原位光光刻合成

（a）图示意单行片基点；（b）图示意基列阵点

6.2.3　待测样品的制备与标记

样品的制备包括样品的分离纯化、扩增和标记等过程。

（1）样品的分离纯化

主要从活组织或血液中获得 DNA 或 mRNA，这个过程包括细胞分离，破裂，去蛋白，提取及纯化核酸的过程。

（2）样品的扩增

测定时往往需要较多的样品分子，因此对于分离获得的基因组 DNA 通过 PCR 技术直接扩增，对于 mRNA 则需要逆转录，制备 cDNA。

（3）样品的标记

标记物主要有荧光分子、生物素以及放射性同位素等。通过 DNA 或 cDNA 扩增的过程，掺入靶分子序列。也可以在制备引物时，掺入标记的核苷酸，扩增靶序列后，使扩增产物末端带有标记物。膜性载体可以用于检测同位素标记的样品。

6.2.4　生物分子间的结合

生物分子之间的结合是利用核酸互补链之间会特异性结合（Southern、Northern 杂交的原理）和抗原、抗体的特异性结合（Western 杂交的原理）的生物学特性。

芯片杂交是应用标记的待测样品（靶序列）与固定在载体表面的探针进行的复杂过程。依据探针长度、类型以及不同的目的，确定温度、盐浓度与反应时间。通常采用的条件是：$42℃$，50%甲酰胺，$6×SSC$，$0.5\%SDS$，$5×Denhardt$ 试剂。也可采用 $65℃$，$6×SSC$，$0.5\%SDS$，$5×Denhardt$ 试剂或者 $65℃$，$10\%SDS$，$7\%PEG-800$。杂交过程类似 Northern 或 Southern 杂交，如封闭液预杂交、杂交、清洗、干燥与检测。

互补杂交要根据探针的类型、长度以及研究目的来选择优化杂交条件。例如用于基因表达检测，由于固定相探针为 $70\sim80mer$ 的 DNA 单链，杂交时需要高盐浓度、样品浓度高、低温和长时间（12 小时），这有利于增加检测的特异性和低复制基因检测的灵敏度；若用于 SNP 突变检测，由于固定相探针为小于 $25mer$ 的 DNA 单链，要鉴别出单碱基错配，需要在短时间内（几小时）、低盐、高温条件下高严谨性杂交。多态性分析或者基因测序时，每个核苷酸或突变位都必须检测出来，一般会用杂交测序的方法设计探针。

杂交反应还必须考虑杂交反应体系中盐浓度、探针 GC 含量和所带电荷、探针与芯片之间连接臂的长度及种类、待检测基因的二级结构的影响。根据需要自行调节各种试剂的混合比例以及优化杂交条件，以实现最优的杂交。

6.2.5　检测原理

生物芯片是依据分子"杂交"原理进行工作的，其基本做法是将检测的样品加以标记，然后与已知底物的生物芯片进行充分"杂交"，标记物就产生相应的变化，将其变化信息检测出来,便可获得样品相关信息。

图像的分析可用落射荧光显微镜、电荷偶联装置照相机、共聚焦激光扫描仪等进行。

1. 荧光扫描成像

荧光扫描成像用激光激发芯片上的样品发射荧光,严格配对的杂交分子,其热力学稳定性较高,荧光强;而不完全杂交的分子热力学稳定性低,荧光信号弱;不杂交的无荧光。不同位点的信号被扫描后由计算机软件处理,并对每个点的荧光强度数字化后进行分析。

荧光扫描仪根据原理不同可大致分为两类:一是激光共聚焦显微镜;另一种是 CCD 摄像原理。CCD 一次可成像很大面积的区域,而激光共聚焦显微镜则是以单束固定波长的激光来扫描,因此需要激光探头或者需要目的芯片的机械运动来使激光扫到整个面积。CCD 数码相机的成像面积有限(即像素有限),要扫描整个芯片就需要数个数码相机同时工作,或者以降低分辨率为代价来获得整个芯片的扫描精度不高的图像。[1]

2. 磷感屏成像

磷感屏成像将核素标记的杂交结果放在磷屏上曝光,曝光过程 ^{32}P 等放射源因衰变而发出 β 射线并激发磷屏上的分子,磷屏因吸收能量使分子发生氧化反应,并以高能氧化态形式储存。当激光扫描磷屏时,激发高能氧化态磷屏分子发生还原反应,能量以光的形式释放。计算机接受扫描电信号,经处理形成屏幕图像,并进一步分析和定量。

6.3 生物芯片数据分析

芯片数据分析的目的是:处理芯片的高密度杂交点阵图像,从中提取杂交点的荧光强度信号进行定量分析,通过有效数据的筛选和相关基因表达谱的聚类,提取表达显著差异的基因或共表达基因,最终整合杂交点的生物学信息,发现基因的表达谱与功能之间可能存在的联系。

图 6-5 为芯片数据分析流程图。首先对芯片数据进行预处理,包括数据清洗、数据转换和标准化等,以减少数据中的错误,统一格式,便于后续的分析工作。接下来对芯片数据进行统计学分析,主要是表达差异的显著性分析和聚类分析,以

---

[1]　许忠能.生物信息学.北京:清华大学出版社,2008

发现在不同条件下具有显著差异的基因集合。然后根据研究的实际需求，对芯片数据进行生物学分析，如功能分析、分类分析和生物学通路分析等。

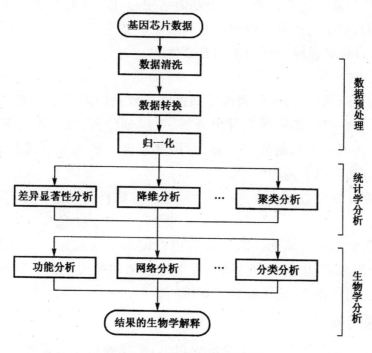

图 6-5　基因芯片数据分析流程

6.3.1　基因表达的数据预处理

对基因表达数据进行聚类、分类等数据分析之前，往往需要进行预处理，包括对丢失数据进行填补、清除不完整的数据或合并重复数据，对错误或无效数据的过滤，以及选择合适的数据转换方法等。数据预处理对于基因芯片数据分析至关重要，其结果的好坏将直接影响后续分析能否得到预期的结果。通过数据预处理，可以去除样本信息中的噪声，减少误差的影响，尽量保持或恢复信息的真实性和完整性，并转换为适合后续数据分析的形式。

1. 数据清洗

数据清洗的目的是去除表达水平为负值或很小的数据、或者明显的噪声数据（单个异常大或异常小的信号），同时处理缺失数据。

（1）数据过滤

数据过滤是指使用一个标准过滤掉一些表达水平为负值或很小的数据，或者由于污染等原因导致的不可靠数据。数据过滤将这些显然没有生物学意义的数据置为缺失或给定一个固定的值。数据过滤包含如下两个方面：

①单芯片的数据过滤。主要使用标准差、奇异值和变异系数等可疑数据的经验性舍弃的方法。

②多芯片的数据过滤。如果一个基因谱中存在单个特别大的值,则往往是由于噪声造成的,对于这些异常数据点必须去除。数据过滤可以防止错误的数据进入后续分析,以保证后续分析结果的有效性。

(2)缺失值处理

图像的损坏、低信号强度、灰尘等都可能导致基因芯片数据缺失,而在后续的统计分析中,特征基因提取的奇异值分解、主成分分析、某些聚类分析方法(如层次聚类)等工作都要求数据满足完整性,因此需要对缺失数据进行处理。缺失值处理的处理方法有以下两种:

①直接删除缺失数据所在的行或列,这种方法操作简单,但是同时删除了许多有效信息。

②对缺失数据进行填充。常用方法包括使用重复数据点对缺失数据进行填充、奇异值分解方法、加权 K 近邻法、行平均值法和中位数法。其中 K 近邻法具有简单化和实用性特点,适于处理大规模的数据。

2. 数据转换

在尽量保证原始数据特征不变的前提下,使变换后的数据更适于进行统计分析,往往需要对经过清洗的基因表达谱数据进行数据转换。数据转换包括对数转换和标准化两个步骤。对数转换可以构造数据属性;标准化可以将数据规范化,使之落在一个特定的数据区间内。

(1)对数变换

对于双色荧光系统,样本分别标记为红色荧光(R)和绿色荧光(G),可以直接绘制出散点图,如图 6-6 (a)所示。可以发现,在原散点图中大多数基因的表达水平都不高,聚集在靠近原点的区域。为了便于分析,经常将数据进行对数变换,如图 6-6(b)所示。经过 $\log_2$ 变换,低表达基因被"提升"了,能够观察到更多的细节。此外,对数变换常能给出与原数据特征最为相似的变量,且变换后的变量可以进行更有效的显著性检验。有研究数据表明:未经对数变换的数据分布呈现出尖峰和长尾,而经过对数变换之后的数据则近似满足正态分布。[①]

---

① 刘伟,张继阳,谢红卫. 生物信息学. 北京:电子工业出版社,2014

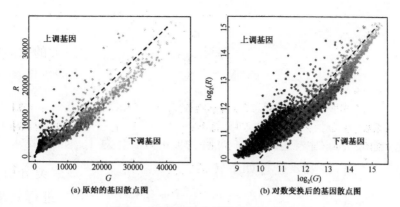

(a) 原始的基因散点图　　　　　(b) 对数变换后的基因散点图

图 6-6　对数变换前后的基因散点图

对角线表示表达无变化的基因,对角线上方为表达上调基因,对角线下为表达下调基因

比率值(ratio)可以直观地显示表达水平的变化,其定义为两个样本中对应点信号强度的比值,如芯片上某点的比率值为:$M_i = R_i/G_i$。对其进行对数转换,当 $R/G=2$ 时,$\log_2(R/G)=1$;当 $R/G=1/2$ 时,$\log_2(R/G)=-1$。经过对数变换之后,上调 2 倍和下调 2 倍在坐标轴上具有相同的变化幅度,只是方向不同。在实际应用过程中,最常使用的是芯片数据经变换后的 MA 散点图(见图 6-7)。其中,M 为对数比值,$M=\log_2(R/G)$;A 为平均对数信号强度,$A=\dfrac{1}{2}\log_2(RG)$。(M,A) 和 (R,G) 是一一对应映射,$R=2^{A+\frac{M}{2}}$,$G=2^{A-\frac{M}{2}}$。根据 MA 散点图可以方便地观察各基因表达的变化情况。如果 $M>0$,则基因表达上调,否则基因表达下调。

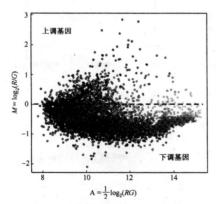

图 6-7　芯片数据的 MA 散点图

(2)标准化

数据标准化的目的是将所有数据转换到同一个范围内,以便于比较和计算相关系数。但是,当标准差趋于零时,将产生较大的噪声。数据标准化按如下公式

进行：

$$x'_{ij} = \frac{x_{ij} - \bar{x}_i}{\sqrt{\dfrac{1}{N-1}\displaystyle\sum_{j=1}^{N}(x_{ij}-\bar{x}_i)^2}}$$

$$\bar{x}_i = \frac{1}{N}\sum_{j=1}^{N}x_{ij}$$

通过标准化，使每个基因表达谱的平均值为 0，标准差为 1。如果要求所有的数据 x 分布在[0,1]之间，还需要进行如下转换：

$$x' = (x - x_{\min})/(x_{\min} - x_{\max})$$

其中，$x_{\min} = \min\{x_1, x_2, \cdots x_N\}$，$x_{\max} = \max\{x_1, x_2, \cdots x_N\}$，如果要求数据满足分布在[$a, b$]区间，则变换如下：

$$x' = \frac{(b-a)(x - x_{\min})}{x_{\max} - x_{\min}} + a$$

3. 数据归一化

在芯片实验中，各个芯片的绝对光密度值是不一样的；直接比较多个芯片表达的结果显然会导致错误的结论，因此在比较多个芯片实验时，必须减少或消除各个实验之间的差异。最常用的方法便是芯片数据的归一化处理（图 6-8）。

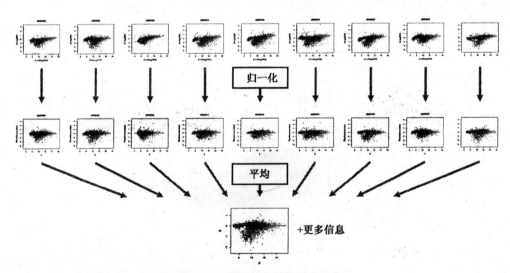

图 6-8　一组实验中多个数据的综合

通常用来校正的基因有阵列上的所有基因、恒定表达基因、一些特定的基因 3 种。

①恒定表达基因。有一些基因的表达通常被认为在各种条件下都是恒定的，

称其为看家基因,这些基因也可以用来作为误差校正的参照基因。

②阵列上的所有基因。通常在一个芯片中只有一小部分基因是差异表达的,因而可以将其作为荧光染色的相对强度参数。即芯片上极少数基因的表达有差异或者表达上调和下调的基因是对称的,那么可以将芯片上的所有基因用于校正处理。

③一些特定的基因。在进行校正时也可以用一些特定基因来代替看家基因,如梯度对照和峰值对照方法。在梯度对照方法中,同一种基因被稀释成不同浓度打印在芯片上,在一定的浓度范围内,这些点的红绿荧光强度呈现线性规律。在峰值对照方法中,将人工合成的基因或不同物种的基因等量打印在芯片上,这些对照基因的红绿荧光强度相等,因而可以用来作为参照基因。

按照所选的对照基因,归一化的方法可以将各点的光密度值或比值除以所有点的平均值,利用看家基因或特定的对照基因等作为该芯片的内部对照。其中,看家基因法最为常用。图 6-9 给出了归一化之后的芯片 MA 散点图,为了减少噪声的影响,方便后续的分析。将各荧光强度相应的对数峰值校正到 0 附近,使基因表达基本满足正态分布。

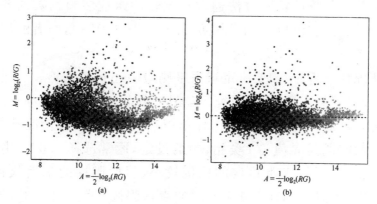

图 6-9　校正前后 MA 的散点图
(a)归一化前 MA 的散点图;(b)归一化后 MA 的散点图

6.3.2　数据分析

1. 差异性分析

用于检测基因表达水平的 DNA 微阵列实验的应用之一是比较实验,其目的是比较两个条件下的基因表达差异,从中识别出与条件相关的特异性基因。何谓显著表达差异? 它通常是指一个基因在两个条件中表达水平的检测值在排除实验、检测等因素外,达到一定的差异,具有统计学意义,同时也具有生物学意义。例如,与正常组织相比,肿瘤组织中相对高表达的基因。微阵列技术的早期应用中(目前还在应用),研究差异表达基因的方法是将相同组织来源的两种样品(如癌症和正常)经不同标记,混合后与同一芯片杂交。筛选的标准通常定义为1.8～2.0倍。其比值超过这个界值时被认为是差异表达。如果使用重复点,出现一个以上的重复点的表达比值超过阈值,这个基因可被认为是差异表达基因。

常用的分析方法有3类:①倍数分析,计算每个基因在两个条件下的比值,若大于给定阈值,则认为是表达差异显著的基因;②采用统计分析中的 T 检验和方差分析,计算表达差异的置信度,以分析差异是否具有统计显著性;③建模方法,通过确定两个条件下的模型参数是否相同来判断表达差异的显著性。

倍数变化分析方法因为缺乏基因表达变化数据的可靠性和界值的选择标准,具有明显的局限性。从生物学角度看,基因表达变化的程度并不一定表示会产生生物学后果。而两种不同组织或状态下,一种仅表现为 20% 变化量的基因可能按同样组织中变化量超过 2 倍或更高倍数的基因更具生物学意义。另外,低表达基因的荧光强度更易受到其他因素如背景噪声的影响,因此低丰度基因所受影响较高丰度基因大,需要一个更大的界值才能筛选出受调节的基因。

差异表达基因的统计检验方法通常是比较两组或多组均数的差异。如果仅有两组,可用 t 检验;两组以上则常用方差分析(ANOVA),两者的假设都必须符合正态分布。

差异表达统计分析时,需要决定选用单侧检验还是双侧检验。通常分 3 种情形:①研究组较对照组表达低;②研究组(如肿瘤)较对照组表达高;③研究组和对照组的表达可高可低。前两种情况选择单侧检验,最后一种情况选择双侧检验。另一需要考虑的问题是界值 α(I 类错误)的设定,通常选择 0.05。由于微阵列上有成千上万个基因,尽管工类错误的比例较小,但假阳性的基因数目不可低估。如 10000 个基因的芯片,将有 500 个基因的表达为假阳性结果。这种错误率显然与样品大小有关。基于这种分析,很难避免实验水平上的误差,这可以根据下面的计算进一步说明问题。如果选择显著性水平为 0.05,每个基因不出错的概率为:

$$P_{\text{gene}} = 1 - P = 1 - 0.05 = 0.95$$

因此,如果观察 500 个基因,实验水平上不出错的概率为:

$$P_{\text{exp}}(\text{正确}) = (1-P)^{500} = (1-0.05)^{500} = 0.95^{500} = 7.275E-12$$

这样,实验水平引起错误的概率是:

$$P_{\text{exp}}(\text{错误}) = 1 - (1-P)^{500} = 1 - 7.275E-12 \approx 1$$

就是说,含 500 个基因的微阵列将不可避免地出现错误,更不用说含有上千或上万个基因的情况。因此,多重比较时常需要进行校正,以降低总的实验水平的工类错误的概率,即在基因水平发生至少 1 个错误的概率。

2. 聚类分析

从生物芯片的图像分析中可得到大量的数据,要从中提取所需要的信息就必须对这些数据的统计分析。通过建立各种数学模型,分析芯片图像数据的生物学意义。目前用于生物芯片数据分析的数学统计方法主要有聚类分析和主成分分析(principal component analysis),其中聚类分析最为常用。

聚类分析是利用大量相关数据对事物进行分类处理,其方法为直接比较样本中各指标的特征数据,将特征相近的归为一类,差别较大的归为不同的类,聚类分析根据聚类指标和计算方法可分为树聚类(hierarchical clustering)、K-Means 聚类(K-Means Clustering)、神经网络聚类(neural network clustering)、多维尺度分析(multidimensional scaling analysis,MDS)、Bayesian 聚类等。在芯片数据分析过程中,专门分析软件包中会含有这些统计方法,可根据分析人员的具体需要来调用。

(1)树聚类分析法

树聚类(hierarchical clustering)分析法是将芯片表达的数据点分配进入有严格等级的层层嵌套的子集。最相接近的数据点分成一组,并用一个新点来替换,该新点的值为此两点的平均值,其他点同样处理。然后用同样的方法进行下处理,直至最终成为一个点,这样数据点就形成一个家谱的树状结构,树枝的长度表示两组数据的相似程度。系统聚类分析适合于具有真正等级下传的数据结不适合于基因表达谱可能相似的复杂数据集。

(2)K-Means 聚类分析

K 均值聚类基于向量的表达模型将向量划分到固定的类中,其目的是建立一个向量组,使组内向量相似性较高,而组间向量相似性较低,它是一种比较简单的算法(见图 6-10)。该算法按照用户输入的 K 值将数据集分成 K 簇,计算每簇的平均值。然后再随机选择一个数据点,将此数据点加入平均值与该点值最接近的簇,重新计算各簇的平均值,重复上述步骤直至没有数据改变为止。

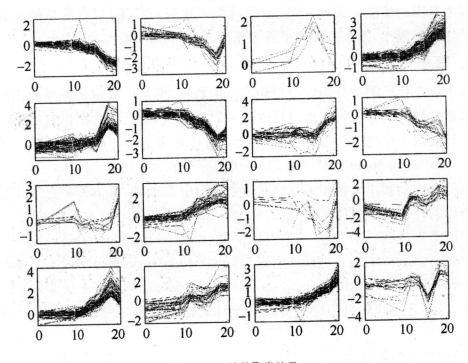

图 6-10　K 均值聚类结果

注：图中为酵母菌的基因表达数据，以时间为横轴，选择 K＝16 进行 K 均值聚类，纵轴为经 $\log_2$ 处理的基因表达比值

K 均值聚类是采用误差平方和为准则函数的动态聚类方法，其计算快速，适合于大规模的数据计算。当基因表达谱各类别之间分离较远时，该算法可以获得令人满意的聚类分析结果，但是 K 均值聚类也有不足之处，聚类中心个数 K 的选择、初始聚类中心的设定、基因排列的顺序及基因表达谱数据的分布等，都会影响聚类的结果。它对初始条件比较敏感，如果初始聚类中心没有选择好，就可能收敛在局域极小值上。另一个问题在于它是完全无结构的方法，聚类的结果是无组织的。

（3）层次聚类

层次聚类是从单丛开始反复合并两个最近的丛或者从整套资料开始反复拆分各丛。前者称为由底到顶或汇聚方法（agglomerative），不断将小丛汇入大丛。后者被称为由顶到底或分割法，将大丛不断拆分为小丛。汇聚方法相对简单，先按两两配对计算各丛间距离，然后将两个距离最近者合并，接着计算其他各丛与新合并丛间的距离，再将距离最近者合并，不断重复上述过程，直到不能将所有的丛被合并到一个大丛为止。其基本过程总结如下。

①将每个基因归到自己所在的丛。

②找出最近的丛加以合并为一个新丛。

③比较新丛与其他丛间的距离。

④重复步骤②和③。[①]

（4）Kohonen 的自组织特征映射算法（SOM）

基本概念

① t 为迭代步长，每次增加 1，$t \in 0, \cdots, \infty$；

② t 为结点序号，常常为一矢量；

③ M_i 为结点主的编码矢量；

④一个结点可以简单地被认为是 M_i，"编码矢量"和"结点"通常可以混用。

SOM 算法

①初始化算法开始时 $t = 0$。

②给结点/编码矢量赋予初始状态 $M_i(0)$，$i = 1, 2, \cdots, S$。

③从矩阵 X 之中选择（随机地）一个可观察量，$X_j(0)$，在细胞周期的数据情况下，$X_i(0)$ 将是观测矩阵的 P 个列数组之一。

④搜寻最相似于输入 $X_i(0)$ 的结点 $M_i(0)$，相似判别通常采用欧氏距离，如果 C 是最接近输入 $X_i(0)$ 的编码矢量指标，r_c 是结点序列中结点 C 的位置矢量，r_i 是属于结点阵列中任一结点的位置矢量，$|r_c - r_i|$ 是结点 C 和结点 i 之间的距离，$\sigma^2(t)$ 是 t 的一个减函数，$\alpha(t)$ 是 t 的一个减函数，$\alpha(t) \in [0, 1]$。

⑤对每一个结点 i，在 SOM 迭代中，$M_i(0)$ 通过迭代变换为 $M_i(1)$。采用公式

$$M_i(1) = M_i(0) + h_{ci}(0) X_j(0)$$
$$= [1 - h_{ci}(0)] M_i(0) + h_{ci}(0) X_j(0)$$
$$h_{ci}(0) = \alpha(0) \exp(-|r_c - F_{-i}|^2 / 2\sigma^2(0))$$
$$i = 1, 2, \cdots, S; j = 1, 2, \cdots, P$$

⑥如同 $t = 0$ 时一样，连续迭代至 $t = 1, 2, \cdots P$；

⑦在每次迭代时，由于 $\alpha(t)$ 和 $\sigma^2(t)$ 的性质将使得输入 $X_j(0)$ 对 SOM 过程的影响力变小；

⑧当 $\alpha(t)$ 足够小时，比如说 $\alpha(t) = 0.01$，终止迭代。

只是简单人工处理一下原始数据是以难以得到大量有价值的信息的。如果没有生物信息学的有效参与，生物芯片技术就不能发挥最大效能。芯片技术中生物信息学的研究开发已成为当务之急。国内外已经进行了有益的尝试，初步开发

出、供芯片平台管理实验数据的软件包，就目前实际情况来看，生物信息学在基因芯片研究开发中介入的程度已经越来越深，主要涉及基因表达信息分析管理系统及其分析工具和分析方法。

6.3.3 基因表达数据库

基因表达数据库是整个基因表达信息分析管理系统的核心。基因表达的芯片检测数据库起着数据储存、查询以及各种相关信息整合的作用。基因表达的芯片数据库包含用户的管理信息、原始实验结果（图像文件、信号强度值、背景平均值行列号等）、各种实验参数、探针相关信息、基因相关信息（基因名称、基因序列、GenBank accession 号、克隆标志符、代谢途径标志符、内部克隆标志符）、分析处理结果、芯片设计相关的资源和数据等。用户可以提交和自动查询需要的芯片检测信息，类似于 NCBI 的公共数据库。

6.4 新型生物芯片技术

6.4.1 细胞芯片

1. 细胞芯片的概念和功能

细胞作为生物有机体结构和功能的基本单位，其生物学功能容量巨大。目前，细胞芯片是利用一系列几何学、力学、电磁学等原理，在芯片上完成对细胞的捕获、固定、平衡、运输、刺激及培养等精确控制，并通过微型化的化学分析方法，实现对细胞样品的高通量、多参数、连续原位信号检测和细胞组分的理化分析等研究目的。新型的细胞芯片应满足以下三个方面的功能：

①在芯片上实现对细胞的精确控制与运输。

②在芯片上完成对细胞的特征化修饰。

③在芯片上实现细胞与内外环境的交流和联系。

利用生物芯片技术研究细胞，在研究细胞的代谢机制、细胞内生物电化学信号识别传导机制、细胞内各种复合组件控制以及细胞内环境的稳定等方面都具有其他传统方法无法比拟的优越性。

2. 细胞芯片的特点

以细胞作为实验平台的细胞芯片至少具有以下三个方面的特点：

①在芯片上实现对活细胞的原位监测，可以多参数高通量地直接获得与关于

细胞对各种刺激的应答信息,这是细胞芯片最重要的特点。

②通过活细胞分析,获得细胞相关的关于各种刺激物的数量、质量等相关方面的分析信息。

③利用显微技术和纳米技术能精确地控制细胞内的生物化学环境,以细胞作为化学反应的纳米反应器,便于详细地研究细胞内一系列过程和原理的本质。

3. 细胞免疫芯片

细胞免疫芯片以细胞为研究对象,利用免疫学原理,微型化操作方法,实现细胞样品的快速检测和分析。它是在蛋白质芯片的基础上发展起来的一种新型的细胞芯片技术;是一种应用范围广、经济实用性强的生物芯片技术,它的免疫学基础是抗原或抗体的固相化、抗原与抗体特异性反应及抗原或抗体的检测方法(如荧光标记、酶标记及放射标记等)。

(1)细胞免疫芯片的原理

根据捕获细胞的检测要求将不同的抗原或抗体在保持其活性不变的前提下,以较高密度固定在经过修饰的玻片等载体上,形成抗原或抗体微阵列,然后通过抗原或抗体微阵列和细胞悬液样品的反应捕获待测目的细胞,将未结合在芯片上的细胞和非特异性结合的细胞从芯片上洗脱。结合在不同抗体或抗原点上的细胞代表了不同的细胞免疫表型,从而完成对细胞分离、分类及检测目的,或者继续对细胞样品进行标记和其他方面的后续研究。

(2)细胞免疫芯片的特点

目前,细胞免疫芯片主要应用于细胞的检测,与其他的细胞检测方式相比,它具有以下几个特点:

①由于芯片的密度较高,获得的信息量较大,可以高通量、高平行性地综合检测、分析细胞样品,一次可以检测同一或不同样品细胞的多种表达抗原。

②利用抗体和细胞表面抗原的特异性反应原理,检测表达特异性表面抗原的细胞,具有较高的特异性。

③适用范围广,凡是可以制成细胞悬液的样品均可进行检测。

④操作简便、灵活,染色、标记等步骤可根据实验要求增加或删减,且无须价格昂贵的检测设备,普通显微镜即可检测,经济实用。

(3)细胞免疫芯片的制作

细胞免疫芯片的制备主要以玻片为基底,通过对玻片表面进行化学修饰,以使生物分子固定后仍保持原有的生物活性。玻片表面的化学修饰有多种方式:三维修饰,如琼脂糖、聚丙烯酰胺凝胶修饰等;二维修饰,如醛基、氨基修饰等。琼脂糖修饰由于操作简便。对生物分子的固定能力较强而应用较多。将所需要的抗体或抗原样品按一定的排布方式点样到经过修饰的玻片上，形成微阵列芯片。待被检测细胞悬液（荧光标记或非标记）在微阵列芯片上进行孵育结合后，洗去未结合的细胞，则被检测细胞被捕获于芯片表面。可以直接在芯片上检测，也可以将目标细胞洗脱后培养进行间接检测。直接检测快捷、简单。对于荧光标记的细胞免疫芯片，用激光扫描细胞仪进行扫描，然后通过计算机分析出每个点的平均荧光强度；对于酶标记的细胞免疫芯片，只需显色后将检测细胞放在光镜下观察，用CCD照相机进行拍摄记录结果，将信号通过计算机处理得到每个点的灰度即可。间接检测根据对样品的要求不同而采用不同的方法。[①]

6.4.2　活体芯片

该类型的芯片是利用特异性蛋白抗体或脂质膜来捕获细胞或具体特异生物活性物质的技术，这一类型的技术主要用于医学检查和诊断、生物制药和生物科学研究。

6.4.3　组织芯片

1. 组织芯片的概念

组织芯片技术是近年来基因芯片技术的发展和延伸，与细胞芯片、蛋白质芯片一样，为一种特殊生物芯片技术。组织芯片技术可以将数十个甚至上千个不同个体的临床组织标本按预先设计的顺序排列在一张玻片上进行分析研究，是一种高通量、多样本的分析工具。组织芯片又称组织微阵列（tissue microarray，TMA），是将数十个、数百个乃至上千个小组织按预先设计的需求整齐地排列在一张载玻片上而制成的缩微组织切片。

组织芯片技术可以与DNA、RNA、蛋白质、抗体生物分子标记等相结合，与传统的病理学技术、组织化学及免疫组化技术相结合，在基因、基因转录和相关表达产物生物学功能三个水平上进行研究。这对人类基因组学的研究与发展，尤其是在基因和蛋白质与疾病关系的研究、新药物的开发与筛选、疾病相关基因的验证、疾病的分子诊断、治疗过程的追踪和预后等方面具有重大意义。

2. 组织芯片的制备

制备组织芯片的两个关键步骤是制备受体石蜡块和从供体石蜡块中精确采

---

① 叶子弘. 生物信息学. 杭州:浙江大学出版社,2011

集微量样品。制备组织芯片方法有纯手工制作和机器制两种,虽然目前仍然有很多研究机构采用纯手工方法进行操作,但是各种商业化的机械制备仪的制作效率和精度更高。

Beecher 仪器公司的组织阵列排布仪是目前使用较多的制备仪。制备仪包括操作平台、特殊的打孔采样装置和一个定位系统。打孔采样装置用于组织石蜡块的、采样和受体石蜡块的打孔;定位装置用于穿刺针或受体石蜡块线性移动,从而制备出孔径、孔距、孔深完全相同的组织芯片石蜡块。

为了防止因石蜡质量不好而被撕裂,受体石蜡块的尺寸一般为 45mm×25mm,高度以 5～10mm 为宜。石蜡的边缘常留下 2.5～3 mm 的空白,阵列中两个相邻的样本之间的距离为 0.65～1mm。打孔采样针的直径为 0.6～2.0 mm。根据针直径的不同,在一张载玻片上可以排列 40～1000 个组织标本。常用的组织芯片含有的组织标本的数为 50～800 个。根据研究目的不同,芯片可以分成单一或复合芯片、特定病理类型芯片、肿瘤组织芯片、正常组织芯片等数十种组织芯片。

可选用"辅助切片胶带转移"系统(包括胶膜、光胶玻片和紫外线灯等)进行制片。其使用过程是,将配套胶膜平整地粘附于组织芯片石蜡块表面,切片刀在胶带下方切片。切下的纤薄组织片即可粘附在胶膜上,再将有组织的胶膜面平放在光胶玻片上,并于紫外线灯下照射约 30s,待纤薄组织片与光胶玻片牢固粘连后,去掉胶膜,即制成了组织芯片。但是,因为使用不当会产生假阴性结果,因此研究者不建议使用该系统。

典型组织病变部位对于研究疾病的发生、发展和演变十分重要,因而从每一个组织标本块上进行正确的抽样对于构建组织芯片十分重要。可以通过常规制作 HE 染色切片和显微镜检查与分析来实现对典型病变部位所在石蜡块的选择和定位。在初步评估并选定供体石蜡块以及制作完组织芯片后,建议将这些供体石蜡块妥善保存,这将有助于以后重新评估实验和利用相同供体重建组织芯片。另外,还应该将这些供体石蜡块的基本信息,如组织芯片的坐标轴、供体组织编号以及相应的临床信息等收集在一个专用的电脑文档里。

6.4.4　蛋白质芯片

1. 蛋白质芯片的概念

蛋白质芯片(protein microarray)是一种新型的生物芯片,它是在基因芯片的基础上开发的,其基本原理是在保证蛋白质的理化性质和生物活性的前提下,将各种蛋白质有序地固定在基片上制成检测芯片,然后用标记的抗体或抗原与芯片上的探针进行反应,经过漂洗除去未结合成分,再用荧光扫描仪测定芯片上各结合点的荧光强度,分析获得有关信息。

蛋白质芯片技术是近年来出现的一种蛋白质的表达、结构和功能分析的技术,它比基因芯片更进一步接近生命活动的物质层面,有着比基因芯片更加直接的应用前景。蛋白质芯片技术可以用于研究生物分子相互作用,并且还广泛用于基础研究、临床诊断、靶点确证、新药开发等多个领域。

2. 蛋白质芯片的制备原理

蛋白质芯片制备原理主要基于抗原—抗体特异性结合反应,这种反应可发生在体外,也可发生在体内。蛋白质芯片反应一般分为两个阶段:第一阶段为抗原与抗体发生特异性结合,该阶段反应快,仅需几秒至几分钟;第二为可见反应阶段,抗原—抗体复合物在电解质、pH 值、温度、补体等环境因素的影响下,进一步交联和聚集,表现为凝集、沉淀、溶解、补体结合介导的生物现象等肉眼可见的反应,此阶段反应慢,往往需要数分钟至数小时。抗体芯片就是利用体外的抗原—抗体反应来完成检测。

抗原与抗体能够特异性结合是基于两种分子间的结构互补性与亲和性,这两种特性是由抗原与抗体分子的一级结构决定的。影响抗原—抗体特异性结合的因素有抗原和抗体的物理性状、由于抗原—抗体反应依赖于两者分子结构的互补性,因此抗原—抗体反应具有特异性、可比性和可逆性等特点。

3. 蛋白质芯片的制备

(1)固体芯片的构建

常用的材质有玻片、硅、云母及各种膜片等。理想的载体表面是渗透滤膜(如硝酸纤维素膜)或包被了不同试剂(如多聚赖氨酸)的载玻片。外形可制成各种不同的形状。Lin 等人采用 APTS—BS3 技术增强芯片与蛋白质结合程度。

(2)探针的制备

高密度蛋白质芯片一般为基因表达产物,如一个 cDNA 文库所产生的几乎所有蛋白质均排列在一个载体表面,其芯池数目高达 1600 个/cm^2,呈微矩阵排列,点样时需用机械手进行,可同时检测数千个样品。

低密度蛋白质芯片的探针包括特定的抗原、抗体、酶、吸水或疏水物质、结合某些阳离子或阴离子的化学基团、受体和免疫复合物等具有生物活性的蛋白质。制备时常常采用直接点样法,以避免蛋白质的空间结构改变,从而保持它和样品的特异性结合。

(3)生物分子反应

使用时将待检的含有蛋白质的标本,如尿液、血清、精液、组织提取物等,按一定程序做好层析、电泳、色谱等前处理,然后在每个芯池里点入需要的种类。一般样品量只要 2～10μL 即可。

根据测定目的不同可选用不同探针结合或与其中含有的生物制剂相互作用一段时间,然后洗去未结合的或多余的物质,将样品固定一下等待检测即可。

(4)信号的检测及分析

间接检测模式类似于 ELISA 方法,标记第二抗体分子。该法操作简单,成本低廉,可以在单一测量时间内完成多次重复性测量。直接检测模式是将待测蛋白用荧光素或同位素标记,结合到芯片的蛋白质就会发出特定的信号,检测时用特殊的芯片扫描仪扫描和相应的计算机软件进行数据分析,或将芯片放射显影后再选用相应的软件进行数据分析。以上两种检测模式均基于阵列为基础的芯片检测技术。光学蛋白质芯片技术是基于 1995 年提出的光学椭圆生物传感器的概念,利用具有生物活性的芯片上靶蛋白感应表面及生物分子的特异性结合,可在椭偏光学成像观察下直接测定多种生物分子。目前,国外多采用质量电荷(mass spectrometry,MS)分析基础上的新技术,可使吸附在蛋白质芯片上的靶蛋白离子化,在电场力的作用下计算出其质量电荷比,与蛋白质数据库配合使用,来确定蛋白质片段的相对分子质量和相对含量,可用来进行检测蛋白质谱的变化。

4. 蛋白质芯片的分类

目前,蛋白质芯片主要有三类:

(1)蛋白质微阵列

哈佛大学的 Macbeath 和 Schreiber 等报道了通过点样机械装置制作蛋白质芯片的研究。他们将针尖浸入装有纯化的蛋白质溶液的微孔中,然后移至载玻片上,在载玻片表面点上 1μL 的溶液,然后用机械手重复机操作,点不同的蛋白质。利用此装置可固定大约 10000 种蛋白质,并用其研究蛋白质与蛋白质间、蛋白质与小分子间的特异性相互作用。Macbeath 和 Schreiber 首先用一层小牛血清白蛋白(BSA)修饰玻片,可以防止固定在表面上的蛋白质变性。由于赖氨酸广泛存在于蛋白质的肽链中,BSA 中的赖氨酸通过活性剂与点样的蛋白质样品所含的赖氨酸发生反应,使其结合在基片表面,并且一些蛋白质的活性区域露出。这样,利用点样装置将蛋白质固定在 t3SA 表面上,制作成蛋白质微阵列。

(2)三维凝胶块芯片

三维凝胶块芯片是美国阿贡国家实验室和俄罗斯科学院恩格尔哈得分子生物学研究所开发的一种芯片技术。三维凝胶块芯片实际上是在基片上点布 10000个微小聚苯烯酰胺凝胶块,每个凝胶块可用于靶 DNA、RNA 和蛋白质的分析。这种芯片可用于筛选抗原,抗体,研究酶动力学反应。该系统的优点有:凝胶块后三维化能加入更多的已知样品,提高检测的灵敏度;蛋白质能够以天然状态分析,可以进行免疫测定,受体,配体研究和蛋白质组分分析。

(3)微孔板蛋白质芯片

Mendoza 等在传统微滴定板的基础上,利用机械手在 96 孔的每一个孔的平底上点样成同样的四组蛋白质,每组 36 个点(4×36 阵列),含有 8 种不同抗原和标记蛋白,可直接使用与之配套的全自动免疫分析仪测定结果。该芯片适合蛋白质的大规模、多种类的筛选。

随着科学的不但发展,蛋白质芯片技术不仅能更加清晰地认识到基因组与人类健康错综复杂的关系,从而对疾病的早期诊断和疗效监测等起到强有力的推动作用,而且还会在环境保护、食品卫生、生物工程、工业制药等其他相关领域有更为广阔的应用前景。相信在不久的将来,这项技术的发展与广泛应用会对生物学领域和人们的健康生活生产产生重大影响。

6.5 生物芯片的应用

6.5.1 基因芯片的应用

基因芯片技术以一种全新、系统的科研思维方式来研究生物体,使揭示早期发育、分化、衰老、癌变等一系列复杂生命现象成为可能。基因芯片在生命科学研究领域中的应用几乎是全方位的,包括基因定位、DNA 测序、突变检测、基因筛选、基因诊断和发现新基因等。基因芯片技术已成为生命科学研究的有利工具,极大地推动了生命科学的发展。

1. 基因的表达分析

多种疾病如肿瘤的发生、发展都涉及多个基因的表达改变。利用基因芯片,可高敏感地定量、定性检测基因表达水平，且能同时研究同一组织中成千上万个基因的表达情况，为疾病的诊断和治疗提供了有益的信息。

2. 基因诊断

基因诊断是将基因芯片上的 DNA 阵列分别与来自正常人和患者基因组 DNA 进行杂交，对杂交后的两种图谱进行比较分析就可以找出引发病变的 DNA 信号。目前，采用基因芯片技术可以对肿瘤、遗传性疾病等作出精确诊断。

DNA 芯片在癌症研究中的应用主要有两方面：一为确定病变组织基因表达的特殊序列模式，探测患病细胞相对正常细胞基因表达水平的差别；另一为检出与人类疾病有关或癌症发展过程中受到影响的基因突变点。

3. DNA 序列分析

DNA 微阵列中的"杂交"测序是一种高效快速的测序方法。虽然 PCR 技术的发展使得有用的目标序列快速、简单的扩增成为可能，但是需要用全手工操作的凝胶方法来分析 PCR 结果，而基因芯片能平行分析数百个或数千个多态性问题，可快速、定量获得所期望的基因信息。

用于测序是基因芯片技术最早的用途。利用基因芯片可对数千个碱基长的 DNA 进行序列测定，大大提高了 DNA 测序的速度。基因家族各成员间的比较序列分析，对于确定基因的结构、功能、调节和进化等都是很有价值的。芯片技术能辨别单核苷酸多态性（SNPs），当基因组序列中的单个核苷酸发生突变，就会引起基因组 DNA 序列变异。

4. 药学研究

以基因芯片技术为基础的另一很有应用价值的研究方向是用基因芯片技术所具有的高集成度与组合化学相结合，为新药研究的初筛提供超高通量筛选。目前有学者分离中药材，如贝母、金银花等的特异核苷酸序列，以此作为探针制备成基因芯片，可以对它们的真伪和有效成分进行快速鉴定和分析。

5. 基因查询

差异显示是获得新基因的常用方法，但这种方法存在着步骤繁琐、假阳性高、重复性差等不足。而生物芯片可以克服上述方法的缺陷。它能在同一时间内，在一张芯片上并行处理成千上万个基因。尤其是当很多生物的基因组测序完成以后，把这个生物的基因组的全部开放阅读框固定到一张芯片上便成为可能。

6. 营养学研究

营养学作为生命科学的重要分支之一，也受益于生物技术的发展。有许多高新生物学技术如 RT-PCR, 酵母双杂交系统都运用于营养学的科学研究, DNA 芯片技术也不例外, 为深入研究营养素生理功能及其分子机制提供了很好的方法。

7. 生物进化与分类研究

传统方法一般是根据生物表型的比较来推测和确定某种生物在生物进化中所处的位置以及确定它的种属名称, 分子生物学方法主要是检测同源蛋白质和核酸序列之间的差别以及确定基因位置和数目的变化情况。通过生物芯片能快速、简便和精确地表明生物进化的关系以及对物种进行鉴定和分类。

8. 动植物分子育种和检测

随着转基因作物种植面积的迅速增加, 其安全性问题已引起社会各界的广泛关注, 对转基因动植物的检验就显得极为重要。转基因植物检测芯片集成了多种基因片段的基因芯片, 可以判断该植物是否存在外来的基因序列, 从而鉴定该植物是否是转基因植物。这种芯片与传统检测技术相比, 具有操作简便、快速, 结果准确以及高通量等特点。

9. 环境监测与保护

环境的变化会引起细胞发生基因表达谱的变化, DNA 芯片可以高效地监测基因表达谱的变化。在环境监测方面, 生物芯片能快速检测微生物或有机化合物对环境、人体、动植物的污染和危害。在环境保护方面, 生物芯片的应用能大规模的筛选保护基因, 制备防治危害的基因工程药品及能够治理污染源的基因产品。所以生物芯片技术能监测环境污染和提高环境保护技术水平。

10. 其他方面的应用

针对人类基因组小卫星 VNTR 位点靶序列做 RFIP 分析, 为第一代法医 DNA 分型技术;以基因组内 STR 位点多态性位点为靶序列做 PCR 扩增, 利用电泳分离, 分析 STR 位点多态性, 是第二代法医 DNA 分型技术。SNPs 位点在基因组中广泛分布, DNA 芯片技术是解决同步测定大量 SNPs 基因型的有效途径, 检测的越多, 越能反映个体的差异, 以此为基础将建立起第三代法医 DNA 分型技术。

6.5.2　蛋白质芯片的应用

1. 用于研究蛋白质相互作用

酵母双杂交是近年来研究蛋白质相互作用的主要方法。该技术是体内方法, 易于操作, 应用范围广, 但无法分析不能被转运到细胞核内的蛋白质, 假阳性和假阴性高。蛋白质芯片技术由于是在体外条件下进行操作,并直接检测目标蛋白质,不需要酵母作为中介,突破了酵母双杂交系统技术上的局限性。蛋白质芯片技术必将成为研究蛋白质互作的理想工具。

2. 用于疾病诊断和疗效判定

蛋白质芯片能够同时检测生物样品中与某种疾病或环境因素损伤可能相关的全部蛋白质的含量变化情况,即表型指纹(phenomic fingerprint)。对于疾病的诊断或筛查来讲,表型指纹要比单一标志物准确、可靠得多。此外,表型指纹对监测疾病的进程和预后,判断治疗的效果也具有重要意义。蛋白质芯片的探针蛋白的特异性高,亲和力强,受其他杂质的影响较低,因此对生物样品的要求较低,简化了样品的前处理,甚至可以直接利用生物材料(血样、尿样、细胞及组织等)进行检测。由于蛋白质芯片的高通量性质,加快了生物标志物发现和确认的速度。

3. 用于生化反应的检测

对酶活性的测定一直是临床生化检验中不可缺少的部分。Cohen 用常规的光蚀刻技术制备芯片、酶及底物加到芯片上的小室,在电渗作用中使酸及底物经通道接触,发生酶促反应。通过电泳分离,可得到荧光标记的多肽底物及产物的变化,以此来定量测定酶促反应结果。动力学常数的测定表明该方法是可行的,而且,荧光物质稳定。

4. 用于发现药物或毒物新靶点及其作用机制研究

疾病的发生、发展与某些蛋白质的变化有关。如果以这些蛋白质构筑芯片,对众多候选化合物进行筛选,直接筛选出与靶蛋白作用的化合物,将大大推进药物的开发。

5. 用于蛋白质的筛选及功能研究

常规筛选蛋白质主要是在基因水平上进行的基因水平的筛选虽已被运用到任意的 cDNA 文库,但这种文库多以噬菌体为载体,通过噬菌斑转印技术(plaque life procedure)在一张膜上表达蛋白质。但由于许多蛋白质不是全长基因编码,而且真核基因在细菌中往往不能产生正确折叠的蛋白质,况且噬菌斑转移不能缩小到毫米范围进行,因此,这种方法具有一定的局限性,这可以靠蛋白质芯片弥补。酶作为一种特殊的蛋白质,可以用蛋白质芯片来研究酶的底物、激活剂、抑制剂等。

6. 研究生物分子的相互作用

蛋白质芯片可以研究生物分子相互作用,例如,蛋白质—蛋白质相互作用、蛋白质—核酸相互作用、蛋白质—脂类相互作用、蛋白质—小分子相互作用、蛋白质—蛋白激酶相互作用、抗原—抗体相互作用、底物—酶相互作用、受体—配体相互作用等。

6.5.3 细胞芯片的应用

1. 细胞免疫芯片的应用

细胞免疫芯片为发展靶向免疫诊断、治疗肿瘤和其他细胞表面抗原相关疾病提供了一种新型研究方法。细胞免疫芯片在新药物的开发筛选等方面提供强有力的技术支持。如筛选新药物时，利用芯片上的靶细胞筛选与其作用的新药物，或者根据细胞表面特定抗原是否表达，通过芯片上的抗体微阵列来筛选经过不同新药物处理过的细胞，不仅可以提高药物开发的效率，而且实现了药物筛选的敏感性、高通量和自动化的集成。

细胞免疫芯片由于对生物样品的要求较低，使得样品的预处理大为简化，因此，应用范围广泛，凡是可以制成细胞悬液的样品都可以进行检测。以红细胞为材料制作细胞免疫芯片，将抗体固定在琼脂糖修饰的玻片上，通过固定的抗体与细胞表面的抗原反应捕获细胞。国外研究者根据不同的白血病在白细胞质膜上分化抗原（CD）组表达的差异，进行了白血病免疫分型实验。他们运用较高密度的抗体微阵列，在一次测定中可以快速检测 50 种以上的白细胞或白血病细胞的分化抗原，他们分别从正常的外周血白细胞、急性淋巴白细胞、慢性白血病细胞、上皮淋巴细胞、多毛白细胞、T 细胞介导的急性淋巴白血病细胞等样品中获得了清楚且重复性好的结果，并验证了 48 种分化抗原在芯片上和流式细胞仪上分析结果的吻合性，在白血病的辅助诊断和预后判断等方面都提供了充足的理论依据，显示了细胞免疫芯片应用在白血病免疫诊断及预后判定方面的诱人前景。基于类似的原理，运用光蚀刻技术在玻片上构建了聚乙二醇水凝胶组成的规格分别为 $20\mu m \times 20\mu m$ 与 $15\mu m \times 15\mu m$ 的微孔，并将微孔内的玻片根据不同的需求进行修饰，选择性地结合淋巴细胞特异性抗体或其他细胞黏附因子，从而形成高密度抗体或细胞因子芯片。该芯片的突出优点是不仅可以根据细胞表面抗原、抗体分化信息对白细胞进行免疫分型，而且可以运用激光捕获微切割技术在芯片上有选择地对细胞内的基因和蛋白质组进行分析检测。

2. 微量电穿孔细胞芯片

微量电穿孔细胞芯片正是将这种技术与生物芯片技术相结合的产物，是细胞操作调控微型化的一种手段。该技术采用一种微型装置，将细胞与芯片上的电子集成电路相结合,利用细胞膜微孔的渗透性,通过控制电子集成电路使细胞面临一定的电压,电压使细胞膜微孔张开,从而在不影响周围细胞的情况下将外源DNA、RNA、蛋白质、多肽、氨基酸和药物试剂等生物大分子或制剂等顺利地导入或从靶细胞中提取出来,并进行后续研究。这种技术为研究细胞间遗传物质的转导、变异、表达以及控制细胞内化学反应提供了可能。有研究者运用聚二甲基硅氧烷等材料构建了电穿孔细胞芯片,他们在芯片上构建一条长 2cm、高 $20\mu m$ 的流体通道,通过指数衰变式脉冲发生器对通道内的细胞进行电穿孔实验,测量了细胞电穿孔时的各种参数,原位观察了碘化丙啶被 SKOV3 细胞株吸收的全过程,并成功地用绿色荧光标志的蛋白基因转染了 SKOV3 细胞,监测了活细胞内 DNA逆传的规律。此外,也可以采用纳米针和纳米管等显微操作穿刺细胞膜,并在芯片上构建纳米通道,完成向单细胞注射或提取所需样品。

6.5.4　组织芯片在药物研究中的应用

1. 药理评价

众所周知,肿瘤中 Her2/neu 的表达是应用针对 Her2/neu 特异性靶点的药物进行治疗的前提。该靶向治疗法已在乳腺癌治疗中取得较好疗效。但目前对于恶性黑色素瘤 Her2/neu 表达的报道存在差异,如应用组织芯片技术对 600 例恶性黑色素瘤进行免疫组织化学检测,发现仅 31 例(5.2%)Her2/neu 表达阳性,从而提出针对 Her2/neu 特异性靶点的药物对绝大多数恶性黑色素瘤患者,尤其是预后不良者效果不佳。

2. 在免疫组织化学质控中的应用

免疫组织化学是一种常用的技术。该技术虽已应用数十年,但由于不同实验室所采用的抗原修复方法、染色方案、抗体及对染色结果的解释等不同导致实验结果存在很大的差异,为此需进行质量控制。而根据特异蛋白的表达情况指导临床诊疗的方法已日益受到关注,因此切需要一种可对其进行质量控制并促进其标准化的方法。组织芯片技术能确保实验样本间内部和外部条件最大程度的一致,有助于促进染色过程和对结果解释的标准化。

3. 药物靶点筛选

研究正常组织与病理组织中基因表达的差异是发现疾病发生机制的重要方法,也是发现新药筛选靶点的重要手段。国外有学者通过构建含良性前列腺增生、前列腺上皮内瘤、局限性前列腺癌、激素抗性前列腺癌和远处转移灶的组织芯片以寻找激素和化疗抵抗性前列腺癌的新治疗靶点,发现 p53、bcl2、Syndecanl、

EGFR 和 Her2/neu 在激素抗性前列腺癌和远处转移灶中高表达,提示应用这些靶点抑制物可能是其治疗的新策略。

4. 在测试生物试剂中的应用

生物试剂的品种越来越多,需要对其特异性和敏感性进行测试,这种测试需要对大量不同来源的组织、阳性和阴性对照组织进行检测。组织芯片技术的推广使这种测试变得简易而准确。此外,病理医师也有必要了解新购置生物试剂的敏感性和特异性及其应用范围,以便正确选用,组织芯片的出现使这一愿望的实现成为可能。国内有学者应用组织芯片在 152 例不同肿瘤和正常组织中对 CK20 的灵敏性和特异性进行检测,发现其灵敏性在上消化道(25%)远低于下消化道(80%)。近年来,国外有学者提出利用琼脂糖模型和石蜡来包埋培养的细胞以制作组织芯片的方法,使得血液系统疾病的组织芯片研究成为可能,进一步拓展了组织芯片的应用范围。

习题

1. 什么是生物芯片？生物芯片有哪些类型？生物芯片有何特点？
2. 简述基因芯片的定义和发展历程。
3. 生物芯片的制备包括哪些基本过程？生物芯片分析包括哪些基本步骤？
4. 基因芯片的数据处理有哪些方法？
5. 生物芯片的数据分析主要包括哪些内容？
6. 生物芯片有哪些方面的应用？

第7章　生物信息学与药物研究

生物学理论为医学研究奠定了基础,并不断推动着医学的进步。当今时代,生物学发展日新月异,不断出现各种新的组学技术和分析手段。但这些远远不够,生物信息学的目标是走向应用,研发新药,造福人类。

本章重点论述生物信息学在药物研究中的应用及计算机辅助药物设计。

7.1　概述

7.1.1　当代生物医药研究所面临的困难

创新药物的研究能够为人类带来巨大的社会效益和经济效益。现代生物医药产业是一项高科技产业,它具有高投入、高风险、高回报的特点。随着研究的不断深入,它已经成为许多国家"新经济"的重要支柱之一,可以预测,在不远的将来它也必将成为我国 21 世纪的支柱产业和重要的经济增长点之一。

随着国际上有关知识产权保护的各项法规日趋完善,新药创制表现出更加明显的重要性和紧迫性。然而,新药的寻找这项工作耗资巨大而效率很低。国际上一项统计数据表明,一种新药的研制成功平均需要花费 10～12 年的时间,筛选 1.5 万～2 万种化合物,耗资 3.0 亿～5.0 亿美元。这主要是由于新药的发现缺乏深入的理论指导,新药的创制至今仍主要依赖大量的随机筛选。只有不断发展新的理论方法,探究新技术,才能改变这种状况。

药物的创制过程主要是在两个方面存在瓶颈:一方面为疾病相关的靶标生物大分子的确定及验证,另一方面为具有生物活性的小分子药物的设计和发现。近年来,人类基因组计划和蛋白质组计划的开展,为生物医药研究提供了丰富的生物学信息。生物信息学的一个重要目标就是从这些纷繁复杂的生物信息中寻找合适的药物作用靶标。在社会对医药需求的强大推动下,计算机辅助药物设计一步步发展起来。如今,应用各种理论计算方法、生物信息学知识和分子图形模拟技术进行计算机辅助药物设计(computer-aided drug design,CADD)已成为国际上十分活跃的科学研究领域。

7.1.2　现代生物学给生物医药带来的发展契机

　　基因组学、蛋白质组学和生物信息学改变了以往的研究思路,它们试图从整体上对生命现象进行研究,反映了生命科学研究对象的特点,同时对生物科学以及生物医药产生着重大的影响。

　　基因组学是从整体上对基因进行研究,它偏重于静态的遗传信息。而蛋白质组学是从整体上对蛋白质进行研究,它的研究对象不仅仅局限于 DNA 或 mRNA所携带的遗传信息,还包括翻译后发生的事件:蛋白质的稳定性、蛋白质的结构修饰(磷酸化、糖基化、乙酰化和甲基化)以及蛋白质的细胞定位等。考虑到疾病的多因素本质,蛋白质组学同时研究大量事件所获得的信息远远优于由分析孤立事件得到的信息。蛋白质组学获得的这些信息与基因组信息一起为生物医药研究提供了良好的基础。

　　自从第一种微生物的基因组测序完成以来,又相继有几十种微生物的基因组完成测序工作,并且尚有许多微生物的基因组测序工作在进行之中。值得一提的是,经过由于中国、美国、英国、德国、法国和日本六国科学家的不懈努力,人类基因组计划的全部测序工作也已经完成,其中基因组计划所获得的大部分数据都是公开的,人们可通过网络快速访问查询。

　　基因组学和生物信息学对于生物科学而言,其带来的影响无疑是深远的,同时它还引导着一场关于药物设计的革命。人们利用基因组计划得到的数据先后发现了许多疾病相关的基因,如遗传性非息肉病克隆癌症基因、神经纤维瘤 1 型基因以及沃纳麻痹性眩晕综合征基因等。此外,在抗感染研究领域,也有望通过微生物基因组学发现全新的疾病相关基因作为抗生素靶标,根据这种策略设计的药物可能具有更好的选择性,并且只有较小的副作用。

　　正是由于人类基因组学信息给生物医药行业带来的巨大影响,使得全球各大制药公司都极其重视基因组计划、生物信息学。在一些制药公司,有相当一部分的药物研究项目都是由基因组研究的结果开始的。国外的一些大型制药公司为了能够充分利用人类基因组信息,加快药物开发速度,抢占市场,以赢得高额利润,都纷纷建立了自己的生物信息学部门,也有的是与生物信息技术研究机构合作。

7.1.3　药物研究方法的未来展望

　　药物分子设计研究,是化学、物理学、生命科学、计算机和信息科学几大学科交叉、综合的产物。21 世纪是生物技术的时代,基因组学和蛋白质组学的发展为新药研发与药效评估提供了重要的研究手段。目前,生物信息学方法已经在药物研发的各个环节发挥重要作用,并在发现药物靶标、揭示药物作用机理、评估作用靶标的可药性等方法做出了重要贡献。相信未来,药物分子设计领域也必将会充满挑战,硕果累累。

药物研究方法的未来发展主要体现在以下几个方面:

第一,人类基因组和生物信息学的发展,将为药物设计研究开辟更广阔的空间。伴随着人类基因组研究的紧张,有大量的疾病相关基因也陆续被发现,从而药物作用的靶标分子也急剧增加,这为药物分子设计提供了广阔的前景。因此,未来要加强药物分子设计与人类基因组和生物信息学研究的衔接,发展相应的配套方法。

第二,超级计算机的发展将为复杂生物体系的理论计算和药物设计创造有利的条件。计算机技术的发展极大地提高了超级计算机的运算速度,这种迅猛发展的势头,将会带来计算化学、计算生物学和药物分子设计领域的革命性变化。即便如此,迫于计算机能力所限,复杂生物大分子体系的理论计算和分子模拟仍面临严重的困难。为了解决这一问题,要大力发展基于超级计算机的能适应复杂生物体系理论计算和药物设计要求的新方法和软件技术。

第三,计算机辅助药物设计与组合化学技术互相结合、互相促进。所谓组合化学,是一种能够迅速产生大量不同化合物的新方法。它是 20 世纪 90 年代发展起来的,因在寻找新药和发展新型材料方面具有巨大的应用前景,而受到国际学术界和产业界的高度重视,并且取得了快速发展。药物分子设计方法在组合化学库的模拟和优化、具有特定导向的"聚焦库"的设计以及以天然产物为基础的组合化学库的结构衍化等方面,将可发挥独特的重要作用。

第四,基于结构的药物设计将向基于作用机制的药物设计方向发展。基于药物和靶标生物大分子三维结构的设计方法不足之处在于,它仅仅考虑了化合物与靶标生物大分子之间的相互结合,而未考虑两者之间的其他作用方式。基于作用机制的药物设计方法就是一种考虑了药物作用不同机制和全部过程的药物设计方法。相信随着新世纪生命科学、计算机科学的发展,这种药物设计方法将会不断完善起来。

生物信息学与新药的研究、开发相结合是一项高度复杂的系统工程,是现代技术特别是生物技术和信息技术在生命科学领域的应用。需要解决的问题是如何将现代生物技术、信息技术、计算机辅助药物设计系统等结合起来,提高筛选命中率,减少在合成和筛选方面的时间、人力、财力的投入,从而找到高效的、低毒性的且具有预期药理作用的治疗药物。这是未来需要考虑的一个方向。

7.2 用于药靶发现的生物信息学方法

传统药物的发现是从自然界中发现药物并随机筛选药物,但是其缺陷也日益暴露出来。人类基因组计划的完成及后续功能基因组学、结构基因组学和蛋白质组学研究的开展不断改变着药物研发的策略,以机制为基础和以靶结构为基础的新药开发过程逐步形成并日益完善。新药研发以药物作用的靶标为基础,在对致病机理有一定了解的基础上进行针对性的药物设计和开发,一方面能够缩短研发周期,另一方面还能够尽可能地提高药效和减少毒副作用。足以看出,这是人类药物发现史上的一次突破性革命。

药靶筛选和功能研究是发现特异的高效、低毒性药物的前提和关键。微生物基因组学、差异蛋白质组学、核磁共振技术、细胞芯片技术、RNA 干扰技术、基因转染技术和基因敲除动物等是一些常见的用于药靶发现的实验方法。但这些是远远不够的。生物信息学方法作为数据分析和处理的有力工具,对于合理的实验设计、基因功能的分析和有效靶标筛选发挥了重要作用。

如图 7-1 所示为靶标发现与验证的一般流程。

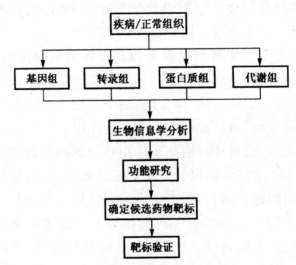

图 7-1 药物靶标发现的一般过程

通过图 7-1 中可以看出,药物靶标发现的一般过程为:首先,利用基因组学、蛋白质组学及生物芯片技术等获取疾病相关的生物分子信息,并进行生物信息学分析;其次,对相关的生物分子进行功能研究;然后,确定候选药物作用靶标;最后,针对候选药物作用靶标,设计小分子化合物,在分子、细胞和整体动物水平上进行药理学研究,验证靶标的有效性。

7.2.1　基因组学方法

基因组是人类疾病研究的核心与基础,借助高通量测序技术,研究人员可以更加快速、准确地找到与疾病相关的基因组序列和结构的异常变化,从而确定致病基因或易感位点。丰富的基因组学数据为药靶发现提供了基础。据估计,整个人类基因组中约有 10% 与疾病相关,导致约 3000 个潜在的药物靶标。由此可见,从基因组水平进行药物靶标的研究具有广阔的探索空间。目前,已有很多种用于寻找新的药物靶标的方法。

1. 同源搜索方法

同源搜索是一种最常用的用于寻找新的药物靶标的方法。它主要是采用序列比对软件寻找候选基因与已知癌基因之间的序列同源性。不过,由于新的靶标与已知癌基因的序列可能并不相似,所以很有必要对已知药靶中信号肽、跨膜结构域或蛋白激酶域等一些更为普遍的结构特征进行分析。另外,还可以使用基因预测程序从人类基因组序列中预测新基因,寻找全新的药物靶标。

2. 基于合成致死的研究

双基因的合成致死性(synthetic lethal)为抗癌药物的研究提供了更大、更新的空间。给定一个癌症相关的基因,若该基因在癌细胞中功能缺失或者功能降低,那么以它的合成致死对象作为药靶就能构成肿瘤细胞的致死条件,并降低对健康细胞的损伤。如今,已经建立了一些合成致死网络,例如酵母全基因组合成致死网络、人的基因合成致死网络等,这些都为抗癌研究中候选基因靶标的筛选提供了良好依据。

7.2.2　转录组学方法

转录组学可从整体水平上研究细胞中基因转录情况及转录调控规律。它在接基因组遗传信息与生物功能之间搭建起一座桥梁,这使得转录组研究成为揭示疾病的基因突变规律、疾病发生发展的重要机制、发现致病基因调控的关键靶标的重要研究手段。

1. 基于基因芯片数据的研究

基因芯片技术具有高通量、快速、并行化等特点,它是转录组学研究一种常用的技术手段。同时,基因表达谱数据是发现生物标志物及挖掘潜在药物靶标的重要依据。不过,基因芯片存在重复性较差、数据质量不高等缺陷,因此,有必要发展多种有效的分析方法以提取海量数据中蕴含的有用信息。

（1）寻找差异表达基因

基因芯片能够一次性地记录疾病状态下成千上万个基因的转录变化情况。通过比较疾病组与正常组的基因芯片数据，寻找显著差异的基因集合，可用于预测相关的生物标志物或药物靶标。

寻找差异表达基因的计算方法有很多种，测量变化倍数是一种最为直接的方法，而方差分析和 T 检验等则是更为有用的办法。

（2）功能富集分析

高通量的基因组学实验往往会产生很多令人感兴趣的基因，这些基因背后蕴含着深刻的生物学意义。很多研究小组基于各种生物知识数据库，并利用不同的统计分析策略，系统地分析了这些基因中富集的生物过程及信号通路。

常用的基因富集分析方法包括单基因富集分析方法、基因集富集分析方法和模块富集分析方法等。其中，单基因富集分析是最常用的富集分析策略，它在抽取海量芯片数据背后的生物学意义方面非常有效；其缺点为找到的功能注释条目数目庞大，不利于进行生物功能和通路分析。基因集富集分析采用了与单基因富集分析不同的富集显著性分析策略，使用全部的基因表达信息，有效地降低了差异基因挑选过程对富集分析的影响，比单基因分析策略的结果更具有代表性；其缺点为忽略了各基因表达水平之间的相关性，可能因过高地估计显著性水平而导致假阳性。模块富集分析是对单基因富集分析的延伸和扩展，并以此为基础集成了一些基于功能注释条目之间关系的网络发现算法，功能富集的敏感性和特异性具有显著提高，另外，研究人员可以考虑功能注释之间的关系，揭示那些彼此交叉的功能注释条目背后所蕴藏的生物学含义；其缺点为挑选差异表达基因的过程会影响最终的分析结果，在这一点上与单基因富集分析是相同的。

（3）多种来源的基因芯片数据的整合

荟萃分析，即整合不同实验来源的多组基因芯片的数据进行研究。这一方式有利于减少单个芯片实验中的误差影响，寻找更通用的生物标志物和药物靶标。

为了对不同来源的数据集进行整合，需要应用许多种统计分析方法，Z 打分归一化是其中最为简单的一种方法，另外，还有一些较为复杂的方法，它们主要是提取不同数据集中表达数据的分布特征参数，然后根据特定的参数进行数据集匹配。通过研究、分析，多基因芯片融合方法开始得到更多人的关注，研究人员进行了一系列相关的研究。众多研究表明，采用一定的统计方法整合多种芯片数据，能够识别出更加稳健的癌症标志物，它们能够更加明确地区分癌症组织和正常组织。

2. 基于新一代测试的研究

随着科学技术的不断进步,测序成本也随之不断降低,并产生了具有高准确性、高通量、高灵敏度和低成本等特点的新一代测序技术。基于新一代测序技术的 RNA 水平研究疾病的方法有转录组测序、数字基因表达谱测序和小 RNA 测序等。

其中,转录组测序能够全面、快速地获得某一物种的特定细胞或组织在某一状态下的几乎所有的转录物及基因序列,通过对任意物种的整理转录活动进行检测,提供更加准确的数字化信号,更高的检测通量,以及更广泛的检测范围。转录组测序是深入研究转录组复杂性的强大工具,已经被广泛应用于探索疾病的致病机理及疾病治疗等方面。

7.2.3　蛋白质水平方法

通常,功能蛋白质的表达异常和调节异常预示着疾病的发生,这些决定个体生物性状、代谢特征和病理状况的特殊功能蛋白质可以作为潜在的药物靶标。

1. 基于蛋白质理化特性的研究

在蛋白质的理化属性、序列特征和结构特征上,药靶分子和非药靶分子之间存在着明显的区别。基于蛋白质的理化特性进行药物靶标预测具有如下特点:有利于发现药物靶标的一般特征,应用过程直接、简单。但是其不足之处在于:受已知药靶的影响较大,在确认药靶的有效性时还需要引入更多的证据支持。

2. 基于蛋白质相互作用的网络特征研究

通常,疾病相关基因作为网络的中心蛋白参与多种细胞进程,在网络拓扑属性上也不同于其他基因。人类基因组规模的蛋白质相互作用数据的快速积累,为疾病相关基因在细胞网络中的拓扑属性的研究提供了条件。

在蛋白质相互作用网络的基础上,Xu 等人进行了一些相关的研究和比较分析,结果发现疾病相关基因具有更高的连接度,更倾向与其他致病基因发生相互作用,而且致病基因之间的平均距离明显低于非致病基因。蛋白质相互作用不但可以用于预测疾病相关基因,对于疾病相关基因的发现也具有重要作用。研究表明,从蛋白质相互作用网络角度研究疾病相关基因,有助于了解致病因子与其他蛋白质的关联关系,以及由于通路的交叠部分异常造成的多种疾病。

3. 蛋白质组学方法

已知的大多数药物靶标都是在生命活动中扮演重要角色的蛋白质。蛋白质还在众多生物功能调控,例如疾病的发生和发展过程中,发挥着举足轻重的作用。

蛋白质组学是研究特定时空条件下细胞、组织等所含蛋白表达谱的有效手段,也是寻找癌症分子标记和药物靶标的重要方法。随着不断发展,蛋白质组学研究形成了疾病领域内不同的研究方向,下面选择几个主要的进行介绍。

(1)差异蛋白质组学

蛋白质的表达水平和结构的改变与疾病或药物作用有着直接关系。差异蛋白质组学就是使用蛋白质组学的方法比较疾病状态和正常生理状态下蛋白质表达的差异,从而找到有效的药物作用靶标。

二维凝胶电泳和质谱分析是差异蛋白质组学中应用最多的两种技术。而稳定同位素差异标记、同位素代码标记或同位素标记相对和绝对定量等一些相对较新的蛋白质组学技术在定量测量蛋白质丰度的变化时更为准确。通过比较癌症人群与正常人群在对应病理组织/器官内蛋白质的差异,可用于挖掘潜在的药物靶标。

(2)目标蛋白质组学

基于多反应监测的目标蛋白质组学技术在测定那些可能与疾病相关的特定蛋白质或多肽时更加具有针对性。针对目标蛋白质的质谱分析方法的灵敏度更高,尤其适合于体液等复杂样本。研究人员对于标志物发现-验证-临床确证这一研究模式普遍认同。利用无偏好的蛋白质组技术发现标志物,并利用多反应监测技术进行候选物的验证,可以有效地完成生物标志物的发现和验证过程。

(3)修饰蛋白质组学

修饰蛋白质组学研究不但能够阐明翻译后修饰在疾病发生发展中的生理病理机制,还能够揭示蛋白质翻译后修饰在信号通路中的开关机制、调控蛋白质的量变并引起质变的规律以及修饰在疾病的发展和转移中的变化趋势,另外,也有助于筛选和鉴定一批具有诊断和药靶意义的疾病相关翻译后修饰蛋白质或翻译后修饰调控蛋白质。可见,翻译后修饰蛋白质组学在疾病领域将会发挥重要作用。

7.2.4　代谢组学方法

代谢组是生物体内小分子代谢物的总和,它放大了蛋白质组的变化,更接近于组织的表型。

代谢组水平反映了所有对生物体的影响,代谢途径的异常变化往往反映了生命活动的异常,因此,定量描述生物体内代谢物动态的多参数变化有助于揭示疾病的发病机制。通常,代谢组学的实验技术包括核磁共振、质谱、色谱等。采用生物信息学方法对代谢组数据进行分析和处理,比较正常组和模型组的区别,有助于药靶发现及药效评估。另外,代谢组学在生物标志物发现、药物作用模式和药物毒性研究方面均发挥着重要作用。

7.2.5　系统生物学方法

系统生物学方法,就是将基因组、转录组、蛋白质组和代谢组等不同组学的数据进行整合,通过对基因、mRNA、蛋白质、生物小分子水平上系统的生物学功能和作用机制进行研究,更好地理解疾病的发生和发展。这种方法有助于识别药物的作用和毒性,模拟药物作用的过程,发现特异的药物作用靶标。

1. 药物作用通路建模与仿真

药物作用是一个复杂的动态过程,如果找不到合适的方法就很难确认药物的有效性。基因敲除是在药物开发过程中经常使用的一种手段。在基因敲除过程中,如果给定的通路出现关闭等状况都会造成在此基础上设计的靶向药物效率较低。因此,可以将定量的建模方法引入药物研究领域从而保证药物开发过程更贴近真实情况。

随着实验技术的发展、数据的累积和文本挖掘的开展,生物通路的建模方法很快就得到了发展并取得广泛应用。确定性生化反应描述是一种最常用的建模方法,它在药物代谢动力学和药剂反应建模方面都有过成功应用。另外还有结合反应、线性规划、随机方法等,它们各有优劣。

用于描述反应动力学网络的数学模型能够有效地预测生物体对于环境刺激和外界扰动的响应,识别可能的药物靶标。此类药物作用模型的建立和模拟具有如下优点:有助于理解药物的作用机制,预测药效发挥过程中可能存在的问题,从而为实验设计提供辅助作用。

2. 多组学数据的综合应用

系统生物学可以综合利用基因组学、转录组学、蛋白质组学和代谢组学研究药物对系统的影响,提示可能的作用靶标,这是它的优势所在。转录组与蛋白质组、基因组与转录组、基因组与蛋白质组甚至更多组学数据的整合都在不断地研究当中。

随后,新一代高通量技术被更多地应用于解决生物学问题,尤其是人类疾病的研究。该项技术的优点为成本更低,能更全面、更深入地对疾病进行研究,打破了以往通量对疾病研究的限制,使得从基因组水平、转录组水平、蛋白质组水平等角度对疾病展开全方位研究成为可能(图 7-2)。

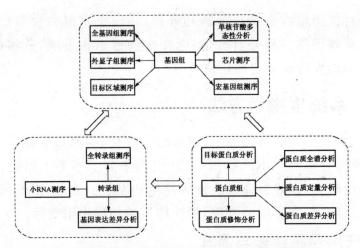

图 7-2　基于新一代高通量技术的疾病组学研究策略

3. 网络基础上的药物靶标发现

以生物网络为中心加深对整个系统的理解是整合研究的一大关键。众所周知,疾病涉及复杂的生理和病理问题,是多基因、多通路、多途径的分子相互作用的过程,这一网络化的特点对药物筛选而言无疑是极其重要的(图 7-3)。系统生物学为药物开发过程提供了全新的视野,将蛋白质靶标置于其内在的生理环境中,在提供网络化的整体性视角的同时不会丧失关键的分子作用细节。

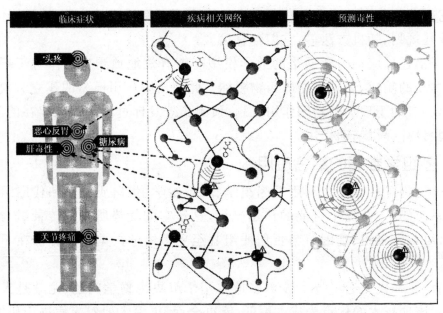

图 7-3　网络基础上的药物发现和毒性加测

不同疾病对应的网络存在一些交叠的蛋白质,可以根据它们来预测药物靶标
并评估其可能存在的毒副作用

信号转导对生物系统的重要性是不言而喻的,它的失误很有可能导致疾病的发生。基于对肿瘤的细胞生物学和分子生物学的研究发现,许多癌基因的产物是信号通路中的转录因子,它们对细胞的增殖、分化、死亡和转化具有重要的调节作用。鉴于信号转导通路在细胞增殖和分化过程中的重要、甚至决定性的作用,有可能以信号转导通路中起调节介导作用的信号分子为靶标进行针对性的药物设计。

此外,还要注意在挑选候选药靶时应考虑其在网络中的位置,要优先挑选那些处于枢纽位置的有效靶标。而以信号转导通路中靠后位置的分子(如转录因子)作为药靶,就有可能降低药物的毒副作用。

发现组合药靶也是非常必要的。通常人们谈到药靶都是指单一分子,但是,鉴于生命是一个复杂的过程和体系,疾病是由多个彼此之间存在着相互作用和动态变化的分子引起的。实际上,药物若想发挥最佳治疗效果,通常需要作用于一系列疾病特异的靶分子组合。如果一种疾病与多个基因有关,每一种基因又涉及 3～10 种蛋白质,那么这些蛋白质都可以作为候选的药物靶标。

同时,疾病相关网络的内部高聚集性表明,基于网络的诊疗方法应以整个通路而不是以单个蛋白质作为靶标。它以发现一组靶标或模块的组合为最终目标。

7.3　生物信息学在药物筛选中的应用

在药物靶标确定之后需要设计和合成化合物库,从而针对药物靶标进行筛选以获得先导化合物。组合化学利用基本的小分子单元,通过化学或生物合成的方法,根据组合原理,巧妙构思,反复连接,可在短时间内产生大批分子多样性群体,形成化合物库。面对如此庞大的化合物库,传统的基于组织或动物实验来筛选活性结构的方法很难满足要求,发展高通量的药物筛选技术是大势所趋。

7.3.1　虚拟筛选技术及其应用

虚拟筛选,也称"计算筛选",是根据一定的计算模型对期望的性质进行预测和估计,进而发现具有开发前景的化合物。一旦获得特定的蛋白质靶标,利用虚拟筛选就可以进行基于靶标结构和药效基团的筛选,从而迅速高效地发现及优化先导化合物。

在某些条件下,虚拟筛选所获得的活性化合物的阳性率比高通量筛选更高。基于配体和基于生物大分子靶标结构的方法都可用于虚拟筛选。虚拟筛选可大大降低实际实验筛选的化合物数量,从而显著提高新药发现的效率。此外,虚拟筛选还不受样品限制,成本也比较低,这也是它的优势所在。

下面介绍虚拟筛选技术应用的一个实例。研究发现,SARS病毒基因可以编码25种蛋白质,并经研究推导得出3CL蛋白酶是SARS冠状病毒的主要蛋白酶的结论。3CL蛋白酶在SARS病毒的复制过程中具有重要作用,可以作为药物设计的关键靶标之一。可以使用同源建模的方法预测其三维结构,经活性位点分析,表明该酶属于半胱氨酸蛋白酶,从而大大缩短了药物筛选的范围。另外,通过对19种半胱氨酸蛋白酶抑制剂进行活性测试,发现6种对SARS病毒有抑制作用。中国科学院上海药物研究所基于该蛋白酶的分子结构模型,从包含数十万个化合物的数据库中筛选出几百个候选化合物,再经实际活性测试,得到了7个对SARS病毒具有高抑制性的结构,其中有1种既可以抑制SARS病毒,同时还能作为免疫抑制的药物。而这一研究成果的取得正是基于以大规模虚拟筛选为核心的药物设计平台实现的。

该平台是中国科学院上海药物研究所、北京大学物理化学研究所等单位联合建立的,已经为科研院所和制药企业等多个部门提供了有效服务,实现了药物设计的规模化,极大地提高了我国创新药物的研发能力。国内研究人员还基于该平台对几十种重要的生物大分子体系进行了虚拟筛选研究,并获得了上千个活性化合物,取得了不错的成果。另外,研究人员还在该平台上进行了首次基于离子通道结构的活性筛选,获得了4个高活性化合物,与工具药四乙基胺(TEA)相比,活性高出几十甚至是几千倍。

7.3.2　基于生物芯片的高通量筛选技术及其应用

高通量筛选是将自动化实验技术、高灵敏度检测技术、高速数据采集和处理技术等融为一体,同时对大量的被筛选样品的生物学活性或药理活性进行分析评价的过程。

利用DNA芯片或蛋白质芯片研究药物与细胞(特别是敏感细胞)的相互作用,将引起细胞外部形态及内部正常代谢过程的一系列变化(集中表现在基因表达的变化上),由此可了解药物的作用机制,评价药物活性及毒性。生物芯片用于药物筛选具有如下优势:第一,它可通过体外方式(如组织细胞培养)实现,大大缩短研究周期;第二,它可以同时研究成千上万个基因的表达模式,这些模式都可能对应不同的药物作用途径,所以对一个药物的多种作用途径和目标进行研究也是有可能的。

通过监测经阳性药物处理前后的组织细胞基因表达的变化情况能够提供很多有用信息。如基于生物芯片技术,用已知临床疗效的药物建立一套供参照的基因表达模式,该模式能够很好地体现药物作用的效果和途径。若某一化合物具有和上述参照模式相似的表达模式,则说明该化合物可能具有相同的活性。

当然,对化合物进行筛选,除了要考虑化合物的活性以外,还应当考虑吸收、分布、代谢、排泄和毒性等因素。据统计,目前药物开发阶段的失败率达到 90%,而这很大程度上是因为上述因素不符合药物的要求而造成的。为了将损失尽可能压缩到最低就需要尽快尽早发现引起新药失败的因素。传统的毒性测试多采用以鼠为对象的动物实验来估计药物潜在的毒性,具有剂量大、时间长、费用高等缺点。与上述采用已知阳性药物作用下的基因表达谱作为参照谱图来识别活性化合物的原理类似,如果不同类型的有毒物质所对应的基因表达有特征性的规律,通过比较不同化合物和已知有毒物质的基因表达谱,便可对各种不同的有毒物质进行识别和分类。慢性毒性和副作用往往涉及基因或基因表达的改变,用基因芯片技术能够在较短的时间内检测到慢性毒性和副作用,可省去大量的动物毒性试验。一旦发现某个潜在药物作用于靶细胞得到的基因图谱与已知具有毒性和副作用的药物得到的基因表达图谱相似,就应该考虑及时停止药物试验。

下面介绍生物芯片用于药物筛选和评价的实例。

Heller 等第一次使用 cDNA 芯片检测炎症条件下基因的表达情况,通过在芯片上固定文献报道的已知炎症相关基因,作为活性筛选模型。Heller 等将不同的药物作用于关节炎病人的软骨细胞和滑膜细胞中,用上述基因芯片检测细胞内基因的表达情况,发现在 TNF 和 1L-1 的作用下的基因表达图谱相似,从而建立了以细胞培养为基础的炎症筛选模型。实验结果表明,氟轻松、波尼松、氢化可的松等药物的表达模式非常相似,该药物筛选模型的可靠性得以证明。

Waring 等将 15 种已知的肝毒性化合物作用于大鼠,这些毒物极有可能会导致肝细胞的 DNA 损伤、肝硬化、肝坏死和诱发肝癌等。从大鼠肝脏中提取 RNA,用 DNA 芯片做基因表达分析,将基因表达结果与组织病理分析和临床化学分析的结果进行比较,发现两者有很强的相关性。该研究结果表明,DNA 芯片技术用于药物安全性评价具有较高的灵敏度。

Gerhold 等用 3-甲(基)胆蒽(3MC)、地塞米松、苯巴比妥和降固醇酸安妥明处理 Sprague & Dawley 大鼠,然后用 Merck 药物安全性检测芯片对其肝脏组织中的基因表达进行检测。结果发现,3MC、地塞米松和降固醇酸安妥明分别是细胞色素氧化酶 P~450 超家族成员 CYP1A、CYP2B、CYP3A 和 CYP4A 的诱导物,这几种药物直接调控了药物代谢基因的表达;在对照组中,并未发现诱导后药物代谢相关基因具有较高的表达。另外还发现,经上述四种化合物处理后,毒理作用的相关基因和调节糖类及脂类代谢的相关基因的表达水平全部发生了变化。

7.4 计算机辅助药物设计

自 20 世纪 60 年代起,经过半个世纪的探索、发展,现代药物设计的策略、方法等得到很大程度上的补充与发展完善。

计算机辅助药物设计是药物分子设计的基础,是新药研究的工具。计算机辅助药物设计的方法大体上可以分为两类:一类为基于配体(小分子)的药物分子设计方法,也称为间接药物设计方法(图 7-4);另一类为基于受体结构的药物分子设计方法,也称为直接药物设计方法(图 7-5)。

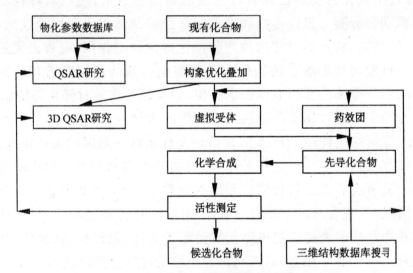

图 7-4 基于配体的药物分子设计

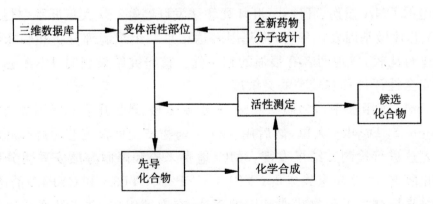

图 7-5 基于受体的药物分子设计

7.4.1　间接药物设计

间接药物设计是指从一组小分子化合物的结构和生物活性数据出发,研究其结构-活性关系的规律,并以此为基础预测新化合物的生物活性(药效)和进行高活性分子的结构设计。

20 世纪 60～80 年代是药物设计研究的早期阶段,人们缺乏对药物作用靶标分子清晰的认识,因此,只能从药物小分子化合物的结构和活性出发,对药物分子的构-效关系进行归纳、认识,间接药物设计也正是因为如此成为这个阶段药物设计研究的主要方法。

定量构效关系(quantitative structure-activity relationship,QSAR)是间接药物设计方法中非常重要的一种。它通过对一组小分子化合物的理化参数和生物活性数据进行线性回归,拟合各项系数,得到反映化合物构效关系的方程,从而用于预测新化合物的生物活性,设计出具有更高活性的药物分子。

定量构效研究主要有以下几个步骤:第一,获取结构和实验数据;第二,计算、分析分子描述符;第三,训练、评价和验证定量构效关系;第四,将所得的定量构效关系模型用于未知化合物的结构预测和结果分析。

1. Hansch 法

Hansch 法是定量构效关系中最为常用的一种。它认为药物分子的活性是可以由其物化参数来定量表达的。可以将该方法表示为以下形式:

$$\lg(1/C) = \alpha(\lg P)^2 + \beta\lg P + c\sigma + dE_s + e$$

式中,$\lg P$ 为疏水常数,σ 为电性参数,E_s 为 Taft 立体参数。

随着 Hansch 方法不断取得广泛应用,又出现了对该方法的不断改进。稍后出现的 Free Wilson 分析方法就属于此类方法。Hansch 和 Free Wilson 模型都没有考虑到化合物的空间结构,因此被称为 2D-QSAR 方法。随后,各种在化合物三维结构基础上进行的 QSAR 研究的 3D-QSAR 方法也逐步发展起来,距离几何、比较分子力场分析、比较分子相似性等都是其中较重要的方法。

2. 生物电子等排方法

生物电子等排是一种应用最早的药物分子设计模拟方法,具有广泛的应用。它是用生物等排体去置换先导化合物中的某部分结构,从而使先导化合物的骨架发生改变,在骨架结构改变的同时改进先导化合物的一些缺点,如使其活性增强、毒性降低、选择性提高等。由此可见,生物电子等排方法能够改造先导化合物骨架,有利于新类型药物分子的发现,在新药创制中发挥着重要作用。

以上提到的生物等排体分为两类。一类为狭义的电子等排体,它是指原子个数及电子总数相同,且电子的排列状态也相同的不同分子、原子或原子团,如 N_2 与 CO,N_2O 与 CO_2,O_2^- 与 Ne,N_3^- 与 NCO^- 等。另一类为广义的电子等排体,它是指具有相同价电子数但原子数不同的基团、原子或分子,如 CH_3、NH_2、OH 和 F 是电子等排体,$—NH^-$ 和 $—CH_2—$ 是氧原子的电子等排体。

生物等排体并不是一定局限于经典的电子等排体,对于没有相同原子个数和价电子数、甚至结构相差大的基团或分子,只要它们在一些重要性质上具有相似性,且这些相似性质产生相似的生物活性,都可以称之为生物等排体。综上所述,生物等排体是指具有相似物理和化学性质,并由它们产生广泛的相似生物性质的基团或分子。

对生物电子等排体进行研究时,非常重要的一环是进行生物电子等排体的选择。要注意:

①选择生物电子等排体需要重要参数相似。为了合理进行生物电子等排,必须仔细考察和分析要取代的先导化合物的那部分结构的各种参数,立体特性(大小、形状、构象等)、电性(极化度、诱导效应、共轭效应、电荷、偶极等)、疏水性、pKa、化学反应性和氢键能力等是一些比较常用的考察参数。这些参数并不要求全部相似,只要在对药物分子的生物活性起决定作用的重要参数上能够匹配即可满足要求。

②要知道生物等排体并不具有通用性,也就是说,适用于某一系列药物分子的生物等排体对于另一系列的药物分子适用并不一定是适用的。

③引入生物等排体时,可以在药物分子其他部位同时引入一些有利于药物分子发挥药效的基团,以使新的药物分子具有更加优越的活性、低的毒性和高的选择性等,当然,这也是具有一定难度的设计。

3. 分子形状分析法

分子形状分析法(MSA 法)是分子构象分析与 Hansch 方法相结合的产物。它认为柔性分子可以有多种构象,从而就有多种形状,而受体所能接受的形状是有限的,因而分子的活性就应该与分子形状对受体腔的适应能力有关。

MSA 所使用的为表达分子形状的参数,采用统计方法建立 QSAR。用 MSA 首先要确定药物分子体系的活性构象,而后把这一构象作为分子体系的参照构象,通过药物分子相应的构象和这一参照构象的合理叠加来求出各分子的分子形状参数。参照构象的选取正是 MSA 的关键。通常会选取 m 个高活性的药物分子的多个低能量构象,并分别作为系统的参照构象进行 MSA 的研究,然后在根据拟合实验数据的好坏最终确定体系的参照构象。这一方式能够有效确保参照构象选取的可靠性。

4. 计算机结构自动评价法

计算机结构自动评价法(CASE 法)的基本过程大致可分为以下几个步骤。

(1)化合物分子结构编码

用适于计算机输入的 Klopman 线性符号对化合物分子结构编码,把化合物分子结构的 Klopman 线性符号与生物活性数据均存储在数据文件中。

(2)化合物分子结构碎片化

CASE 法自动把分子分成包含 3~10 个重原子单元的碎片,碎片可以在线性原子链的某一位置有分支。分别将从有生物活性化合物和从无活性化合物得来的碎片标记为"活性的"和"不活的"。所有化合物碎片化后可形成一个包含数千分子碎片的数据库。

(3)碎片与生物活性相关性分析

通过统计分析能够确定哪些碎片与观察活性值相关。与一个分子的"活性的"与"不活的"碎片随机分布的任何有意义的偏差,被认为对生物活性有潜在意义。

CASE 法程序可以把生物活性碎片从无活性的化合物中提取出来。用逐步回归法挑选描述子,并使之与生物活性定量相关。在开始选择碎片时,可以碎片是否能否识别最大数目的活性和无活性化合物以及碎片对剩余化合物活性说明的最有效程度为依据。

程序能保留大量最小二乘法分析用潜在变量,同时疏水常数及其平方项也包括在潜在变量中。对于每一个变量的统计可信性用 95% 信度的 F 值来检验。

(4)建立定量关系式

一旦 CASE 法获得包含有意义变量的数据库,就可以通过线性回归建立定量关系式。定量关系式中不包括测试化合物。建立的定量关系式可以用于定量检测,数据库则可以用于新化合物的不断更新,从而提高预测的精度。

5. 神经网络方法

人工神经网络(以下简称神经网络)是一类仿生物神经网络原理的信息处理系统。随着计算机科学和神经科学的发展,神经网络在近些年获得了快速发展,并且在国内外才重新掀起了一股研究和应用神经网络的热潮。神经网络不同于传统的信息处理系统,它具有并行性、容错性、非线性和自学习性的主要特点。

神经网络的研究大致包括以下三部分内容:第一,神经网络理论的研究,即研究其模型框架,动力学机制及学习算法等;第二,神经计算机的研制,即神经网络的硬件实现;第三,神经网络的应用研究,即利用神经网络在各自领域内进行信息处理。神经元之间通过连接权连接,进行信息传递。

神经网络可以分为不同的种类。根据连接方式的不同,可分为层状网络和网状网络;根据学习方式的不同,又可分为监督式学习和非监督式学习。神经网络很适合于处理因果关系不明确的问题,故可用于有关生物效应的分析;另外,它在分类和拟合方面具有良好的能力,故在新药开发的结构-活性关系(SAR)研究中也将发挥巨大潜力。该方法对于 QSAR 分析而言,也将带来新的突破。

日本的 Aoyama 等最先将神经网络应用到药物研究。他们先后发表了多篇论文,对神经网络应用作了较系统的研究,具有开创性的意义。另外,还经过多次试验测试了神经网络的分类能力,证实其分类与预测结果明显优于传统方法。后来,Aoyama 等将神经网络进一步应用于 QSAR 分析。主要研究了 37 个抗肿瘤药物卡巴醌衍生物(两个位置取代基有变化)的 QSAR 和 60 个安定药苯并二氮卓衍生物(3 个位置取代基有变化)的 QSAR。通过研究得出网络拟合数据的非线性度越大则预测偏差越大的结论。在研究过程中,Aoyama 等发现神经网络运算实际上是一种非线性多重回归分析,并深入研究了神经网络用于 SAR 时的运算特征。同时,他们还研究了其他一系列的问题,例如,药物活性与结构参数间的关系指数的获得,权值矩阵的重建等。综上所述,神经网络在药物研究中既可用于定性分类与预测,还能进行定量分析与预测,且比常规 Hansch 方法更优越。

Klassen 等曾提出一种函数型连接网络,其从一开始就以非线性方式来增强原始模式的表达,从而使分类所用的超平面更易于学习。这种网络提高了输入信息的模式表达能力,并可能成为联想存储、监督式学习和非监督式学习等多种神经网络的统一结构。之后,Liu 等又将函数型连接网络引入药物研究中,利用该网络研究了卡巴酪衍生物的 QSAR,结果发现其预测效果比 BP 网络更好。

可见,神经网络应用于药物设计是一种很有前途的方法。虽然它的引进时间尚短,存在很多有待于改进的地方,但是可以相信,随着研究的不断深入,神经网络在药物设计中的应用必将发挥重大作用。

7.4.2　直接药物设计

直接药物设计是以药物作用的对象——靶标生物大分子的三维结构为基础,研究小分子与受体的相互作用,从而设计出在空间形状、化学性质两个方面都能很好地狱靶标分子"结合口袋"相匹配的药物分子。之所以被称为直接药物设计方法,主要是由于这一方法如同根据"锁"来配"钥匙"一样。

　　细胞生物学、分子生物学和结构生物学等的发展使得越来越多的药物作用靶标分子被——分离、鉴定,其三维结构被阐明,这对于直接药物设计方法的应用而言无疑是极其有利的。

　　直接药物设计方法自 20 世纪 90 年代以来已经逐步发展成为药物设计研究的一项重要的方法。直接药物设计又可以分为不同的种类,下面分别进行分析、讨论。

1. 三维结构搜寻的药物设计

　　三维结构搜寻,即利用模式识别技术在三维数据库中寻找具有特定三维结构形状的分子。在药物分子设计中,"特定三维结构"即指药效基团,这是一个分子显示特定生物活性所需要的结构特征和官能团的立体排列方式。三维结构搜寻方法如今已经是药物开发研究中一种重要的技术手段,并且在各制药公司取得了广泛应用并获得成功。

　　三维结构搜寻在药物分子设计中既可以用于发现有关先导化合物的改进,还可以用于完全新型的先导化合物的发现,尤其是后者具有重要意义。三维结构搜寻的设计方法就是以假设的三维药效团模型,用三维柔性搜寻技术从数据库中找出合乎要求的化合物,然后直接购买,随后进行生物活性测试,从中发现新的先导化合物。

　　一般而言,配体与受体之间的化学和几何互补性决定着配体与受体的结合。例如,若受体活性部位含有一个氢键供体,则与之相对应的,配体应含有氢键受体;若受体活性部位含有显著正电区,则与之相对应的,配体应含有互补的负电区。要注意,配体的化学特征与受体的对应特征空间位置必须是相互对应的。三维结构搜寻为寻找到与受体活性部位形状和性质互补的配体提供了可能,一方面有利于发现于已知活性化合物类似的配体,另一方面有利于得到全新的结构类型。可见,三位搜寻为新型先导化合物的发现提供了一个自动机制。

　　可以将三维搜寻的过程分为四个步骤:第一,定义提问结构;第二,解释提问结构;第三,对数据库进行二维、三维关键部位的筛选;第四,应用三维限制条件对初筛合格的结构进行逐个原子印证。

　　三位搜寻结构的关键就是要有合理的搜寻标准。搜寻标准即为提问结构,它是由一组原子及其空间关系说明所组成的三维子结构。不同化合物的搜寻往往采用不一样的提问结构;提问结构定义得越精细,对于搜寻成功率的提高都有一定的帮助。典型的提问结构包含以下几个部分:二维子结构、三维目标和限制、固定的原子或碎片、原子或原子对的数据限制。

提问结构根据对受体已知程度的不同可以分为来自于蛋白质或核酸等大分子靶标活性部位的三维结构,或者来自于一组活性和非活性配体的药效基团图示,还或者来自于一个配体的三维特征。若已知受体结构,则可根据其活性部位的化学和几何性质得到搜寻其互补性配体的提问结构。在没有受体结构知识的情形下,则可根据一系列活性和非活性化合物的药效基团图示或 3D-QSAR 分析得到提问结构。对柔性配体而言,在柔性构象搜寻中出现了柔性提问结构,开发柔性提问结构较刚性提问结构更复杂些。一个活性化合物的分子模拟可建议出几个可能的生物活性构系,需试探哪一个构系是正确的,才能进行搜寻。

提问结构的开发过程是极其复杂的,需要反复精制。在起始搜寻之后,可测试一些命中结构[①],以察看其是否具有活性。在其有活性和无活性的基础上,进一步精制提问结构,排除能产生非活性命中结构的因素,从而提高三维搜寻的效率。一般要经过多次搜寻和精制的循环过程。

提问结构的解释包括:①分析提问结构中原子、键及其三维特征类型;②二维和三维关键性部位筛选的产生;③搜寻轨迹的产生。

可以通过以下评价标准来判断一个提问结构开发得成功与否:对一个指定大小的数据库而言,一个明显的尺度是所花费的 CPU 时间,再就是命中结构数目占数据库中总的结构数的比例以及真正有活性的命中结构数占整个命中结构数的比例。

有了提问结构以后,就可以利用它到三维结构数据库中进行搜寻。通常是先粗筛,再精选。

数据库搜索法是依据受体的结合位点,在一个已知的小分子三维数据库中进行搜索,通过不断优化小分子化合物的位置(取向)以及分子内部柔性键的二面角(构象),寻找小分子化合物与靶标大分子作用的最佳构象,计算其相互作用及结合能。在药物设计中,小分子三维结构搜寻占有十分重要的地位,这主要是因为药物分子一般都是小分子。根据其特性不同,大致可以分为几何搜寻、立体搜寻、柔性构象搜寻、相似性搜寻,以及大分子三维结构搜寻等。小分子的三维结构数据库是数据库搜索法的核心,例如,剑桥小分子结构数据库(CSD)。配体与受体的结合状态并非一定是其最低能量构象,这里存在一个活性构象的问题,所以说,仅仅考虑分子的最低能量构象是太过于片面的。FLOG 对每一个分子产生 8~25 个有显著差异的构象(最小均方差大于 0.12nm),而后进行搜索,从而很好地考虑到了活性构象的问题。

---

① 此处的"命中结构"是指从数据库中搜寻到的满足提问结构要求的结构。

这种方法虽然计算量很大,但库中大多为现存的已知化合物,可以方便地购得。并且由于合成方法已知,因此,进行后续的药理测试的效率也高。自第一个Dock 程序开发以来,该方法也得到了广泛的应用,并获得很大成功。

综上所述,可以看出数据库搜索法是一种很实用的方法,并且已经在实践中取得了成功。当然,该方法也有其不足之处,主要表现为它只能从现有分子中寻找药物分子,而无法创造新分子。

2. 全新药物分子设计

全新药物分子设计是以受体活性部位的形状、性质等要求为依据,通过一定的方法由计算机自动构建出形状、性质互补(静电、空间的互补,实际应用中一般只考虑疏水作用和氢键的作用)的新分子。构造的新分子的特点是:能与受体活性部位很好地契合,从而有望成为新的先导化合物。

(1)全新药物分子设计的基本方法

①分子碎片法。该方法与数据库搜索法有相似之处,它是由 Moon 等人在1991 年提出的。根据不同的生长方式,衍生出碎片连接法和碎片生长法。

碎片连接法是根据受体分子活性位点的特征,在关键位点放置与之匹配的基团,然后利用计算机进行三维模拟,从而连接成一个完整的分子。

碎片生长法是计算机根据受体分子的三维结构,从受体活性部位的某一点开始延伸,逐渐形成与受体蛋白活性位点相吻合的小分子。在延伸每一个原子或位点的时候应当考虑配体与受体的结构特点、基团种类、结合能的大小及分子动力学特征等因素,进行比较优化。

分子碎片法是全新药物分子设计的主流方法。其优点为其设计出的分子具有很好的化学合理性,这主要是因为它是以片段作为设计分子的基本单位;其缺点表现为往往忽略分子片段内部的柔性,而所采用的分子片段并非完全是刚性的。

②原子生长法。该方法是在 1991 年由 Nishibata 等人提出的,他们利用不同种类的原子直接组合生长出分子。分子是由原子组成的,利用原子直接组合生长出药物分子应是一种最直接的方法。

属于这类的方法只有很少的几种,例如,LEGEND 程序。

原子的生长过程具体包括以下几个步骤:

第一,建立原子库。包含原子生长所需的各种原子类型并以元素原子的不同组合态或杂化态来表示,如 sp3 碳、芳香碳、羰基碳、羰基氧、羟基氧、氨基氮等,还有单键、双键、三键以及芳香键、酰胺键等各种不同键型。

第二,选择合适的原子。在受体活性部位产生规则的三维网格,对每一网格点,从整个蛋白质原子范围来计算其范德华力、静电势、氢键作用和疏水势能等。这些势能用于迅速估计分子间的相互作用能,从而帮助判断在该位置适合选择哪一种原子。

第三,确定新原子。从起始原子或起始结构开始,产生一个个原子。对每一个新原子,首先,要从已产生的原子中随机确定一个根原子(新原子与之键合);然后,根据前面计算的势能值对根原子的各个方向进行打分,以确定新原子的类型、键型和空间取向(二面角)等;最后,用分子力学力场计算分子内和分子间范德华力及二面角的构象能,以检查新原子是否在能量上允许接受。

当满足一定的条件时,原子就会停止生长,该条件可能是产生的结构达到指定的原子数目,或者是结构生长到达死角(所有可能的分支点都试探过而原子不能再生长)。这时候就会补上可能缺失的碳原子以完成芳香环并对所有非氢原子的空余价键补上氢原子。

第四,用分子力学优化产生的结构重复上述各步,直到产生指定数目的分子结构为止。

第五,筛选结构。在能量或其他结构标准的基础上,筛选出少量结构,用于进行下一步的研究。

现列举原子生长法的一个具体实例,例如,Nidibata 等用原子生长程序 Legend,设计了大肠杆菌二氢叶酸还原酶(DHFR)抑制剂。

此外,原子生长法存在一个主要的问题,即组合爆炸。多种原子类型、键型和空间位置的组合数目将是一个天文数字,以至于用计算机都无法处理。刚刚提到的 LEGEND 只采用了 9 种原子类型,同时在原子类型的选取、键型的选择与原子的空间位置的确定上均采用了随机数,由此避开了组合爆炸。另外还需要注意的是,各种原子随机组合的结果也不一定具有化学合理性。

③其他方法。上面只是介绍了全新药物分子设计方法中最常见的几种,另外,还存在一些其他的方法。

例如,Lewis 和 Dean 的方法。通过选择平面的空间骨架与结合位点相拟合,去掉与受体发生碰撞的顶点,即得到分子模板;最后给模板的顶点配上合适的原子或化学基团,得到真正的分子。

又如,Pearlman 等采用动力学算法来设计分子。首先在蛋白质的活性口袋中充满微粒,并随机给微粒赋值;然后随机选取一个微粒与周围粒子根据几率连键,并进行分子动力学计算;随后,根据能量值依据 Metropolis 原则取舍。重复进行以上步骤,直至选取的分子达到一定数目为止。

(2)对全新药物分子设计的药物分子打分

无论是采用上述哪一种全新药物分子设计方法,最后都能够获得大量的潜在的配体分子,从这些大量分子中挑选出最好的配体分子是至关重要的,也是从头设计的关键。若能够估算蛋白质-配体的自由能变化,并由此计算结合常数则再好不过了。但是,自由能变化的计算是一件很复杂的工作,对大量的分子进行计算的难度是相当大的。

对全新药物分子设计的药物分子打分主要有两种方式:第一种为估算受体-配体的自由能变化,由此计算结合常数;第二种为考虑范德华作用力或力场的非键作用能项。

在实际的计算中,往往会忽略掉蛋白质本身的柔性。由此可见,上述打分机制还有待于进步,也就是说,有可能得分最高的分子未必是最好的选择,而得分很差的分子也许是一个好的配体。这时候,一个有着丰富经验的人往往起着重要的作用,从而尽可能的提高准确性。

从广义上来讲,一个化学分子能成为一个药物分子会有很多方面的要求,除了结合常数的要求之外,往往分子的毒性、分子的化学稳定性甚至于分子合成的难易等因素都是非常重要的影响因素,甚至这些因素可以作为筛选药物分子的标准。综上所述,解决以上问题,对于大大提高现有方法的可靠性和成功率将起到很大的帮助作用。

3. 药物分子设计软件

(1)分子三维结构数据库的搜索

20 世纪 80 年代中期,设计开发出了 DOCK 程序,DOCK 是基于该方法的一个典型程序。该软件是基于受体的 X-射线晶体结构在受体上找到可能的结合位点、依据结合位点的三维要求设计新的化合物。Horjales 等用 DOCK 程序确定了环己醇在肝脏醇脱氢酶上的结合取向,并根据推测出的活性位点设计合成了新的底物。进行 DOCK 操作的关键是选择配体的起始构象。最初的 DOCK 只考虑几何匹配,经过不断的发展完善已经能考虑静电、力场等其他因素。此外,如何区分结合能相近的几对配体-受体化合物也是一个重要问题。据文献报道,DOCK 的成功率约为 $2\% \sim 20\%$。

后来发展的 CROW 程序,它是从简单的微粒碎片入手,碎片相互结合叠加,直至选出结合位点上最好的候选化合物。

20 世纪 90 年代初美国学者又先后开发了 ALADDIN 和 CONCORD 等软件。ALADDIN 允许用户进行搜索,不仅限于原子间距离、角度和环的中心,还包括氢键供体和接受体的性质以及在空间立体排斥作用的区域。

CONCORD 程序是第一个能从分子的二维结构迅速产生近似三维结构的软件,现已成为从二维分子结构数据库中产生三维坐标数据的工具。它可以将美国化学文摘(CA)中所有的化合物做成一个分子的三维结构数据库。

后来开发的 CAVEAT 程序也是一种基于数据库搜索的程序,其主要功能是进行多肽模拟物的设计。CAVEAT 可以产生能代表相互作用的氨基酸侧链及其 3D 空间排列情况的向量,随后根据这些向量在环状或多环状化合物的大量数据库中进行搜索,以寻找具有上述这些氨基酸侧链且侧链在空间几何分布相同的分子构造。

(2)全新药物分子设计

与搜索数据库方法不同,全新药物分子设计不依赖于已有的分子结构而是试图创造一个分子与受体匹配。研究人员根据分子碎片法设计了一系列用于全新药物分子设计的软件,如 LUDI、LEAPFOG 和 CRID。

LUDI 软件是其中较为著名的一种。可以在不具有蛋白质 3D 结构的情况下从活性配体的 3D-QSAR 结果着手,从活性类似物中衍生出新的配体,LUDI 可用相应的规则覆盖所有能量允许范围内氢键和疏水作用的可能方向。LUDI 的特点是以蛋白质三维结构为基础,通过化合物片段自动生长的方法产生候选药物的先导化合物。它是进行全新合理药物从头设计的有力工具。

LEAPFOG 与 LUDI 在理论上类似,它首先在蛋白质中形成一个可容纳小分子的空腔,然后分三个主要功能进行后期处理:①结构优化;②产生新先导物;③结构衍化方案评价。在受体蛋白质结构未知的情况下,LEAPFOG 与 LUDI 一样可分别用 Apex-3D 和比较分子场分析法(CoMFA)的结果构选出虚拟的作用位点和空腔,开始新药设计。

由 Goodford 等人开发的 GRID 程序计算探针与已知三级结构蛋白质表面的作用能,并以等值线图表表示能量值。GRID 软件适应于设计新配体,并为 CoMFA 方法计算作用场、模拟活性同系物受体轮廓等,是一个只含非键作用项的力场方法。

至今为止,已经发展出了大约 20 多种用于计算机辅助药物分子设计的不同程序,并且都应用于全新药物分子设计。它们或多或少都是按照 DOCK、CROW 和 LUDI 程序原理发展来的,还发展了估计配体亲和力的计算程序。

7.4.3 计算机辅助药物设计的成功范例

随着药物设计方法的逐步建立,以及不断的发展、完善,药物设计研究的深度、广度都随之得到了空前的发展。一些应用理论方法设计而获得成功的药物不断走向市场(表 7-1)或进入临床研究阶段。这些都体现了药物设计的研究已经从实验开始向实用的方向迈进。

表 7-1　计算机辅助药物设计的一些成功范例

药物名称	治疗疾病	药物靶标	开发公司	描　述
沙奎那韦 (Saquinavir)	艾滋病	HIV 蛋白酶	Roche 公司 (Welwyn, UK) 1995 年经美国 FDA 批准上市	通过分子模拟,确定了 HIV 蛋白酶抑制剂所需的最短长度以及该抑制剂中心带羟基的碳原子倾向于 R 构型。在此基础上,成功设计出药物沙奎那韦。
多佐胺 (Dorzolamide)	青光眼	碳酸酐酶	Merck 公司 1995 年上市	综合运用碳酸酐酶 II 的晶体结构和量子化学构象分析,确定了抑制剂 S-2-噻吩噻喃-2-磺酰胺类化合物与酶结合的活性构象,并在此基础上进行了结构改造。
罗非昔布 (Rofecoxib)	炎症	环氧化酶 II	Merck 公司 1999 年推向市场	根据环氧化酶 II 的结构特征,以及环氧化酶 I 与环氧化酶 II 活性部位的差异进行药物设计。
奥司米韦 (Oseltamivir)	流感	神经氨酸酶	Gilead/Roche 公司 1999 年上市	基于神经氨酸酶结构而设计的药物。
塞来考昔 (Celecoxib)	炎症	环氧化酶 II	Pfizer 公司 1999 年上市	根据环氧化酶 II 的结构特征,以及环氧化酶 I 与环氧化酶 II 活性部位的差异进行药物设计。

如今,每一项具有一定规模的新药研究工作中,计算机辅助药物设计都承担着基本工作,并且,世界上每一个大的制药公司都离不开该项技术,并不断发展该技术。

习题

1. 用于药物靶标发现的生物信息学方法有哪些种?
2. 简述生物信息学在药物筛选和评价中的应用。
3. 什么是间接药物设计?它包括哪些方法?
4. 什么是直接药物设计?它包括哪些方法?
5. 介绍药物分子设计的软件。
6. 列举计算机辅助药物设计的应用实例。

参考文献

[1]陶士珩. 生物信息学. 北京:科学出版社,2007.

[2]吴祖建,高芳銮,沈建国. 生物信息学分析实践. 北京:科学出版社,2010.

[3]钟扬. 简明生物信息学. 北京:中国林业出版社,2012.

[4]孙清鹏. 生物信息学应用教程. 北京:科学出版社,1987.

[5]孙啸,陆祖宏,谢建明. 生物信息学基础. 北京:清华大学出版社,2005.

[6]叶子弘. 生物信息学. 杭州:浙江大学出版社,2011.

[7]许忠能. 生物信息学. 北京:清华大学出版社,2008.

[8]赵国屏. 生物信息学. 北京:科学出版社,2002.

[9]张阳德. 生物信息学. 2版. 北京:科学出版社,2009.

[10]刘伟,张纪阳,谢红卫. 生物信息学. 北京:电子工业出版社,2014.

[11]蔡禄. 生物信息学教程. 北京:化学工业出版社,2006.

[12]蒋继,王金胜. 分子生物学. 北京:科学出版社,2011.

[13]伍欣星,赵晏,罗晓忠. 生物信息学——基础与临床医学应用指南. 北京:科学出版社,2005.

[14]李巍. 生物信息学导论. 郑州:郑州大学出版社,2004.

[15]曾溢滔. 遗传病的基因诊断与基因治疗. 上海:上海科学技术出版社,2011.

[16]徐文方. 药物设计. 北京:人民卫生出版社,2007.

[17]潘继红. 生物芯片技术在新药筛选中的应用. 山东医药,2005(26),73-74.

[18]李军,张丽娜,温珍昌. 生物软件选择与指南. 北京:化学工业出版社,2008.

[19]李兴玉. 简明分子生物学. 北京:化学工业出版社,2010.

[20]王俊,丛丽娟,郑洪坤. 常用生物数据分析软件. 北京:科学出版